宋 涛 编著

boy 做个懂事的男孩

中国纺织出版社

内 容 提 要

做个懂事的男孩是每个男孩子的内心需求，也是所有家长对子女以及老师对学生的殷切期望。为了给那些渴望变懂事的男孩打造一本成长智慧宝典，我们精心编写了此书，把那些枯燥难懂的“大道理”融入轻松有趣的故事中，让小读者在轻轻松松读故事的过程中受到潜移默化的影响。希望每个男孩都能从中受到启发，掌握更多的人生智慧。

图书在版编目（CIP）数据

做个懂事的男孩 / 宋涛编著. —北京：中国纺织出版社，2012. 12
ISBN 978 - 7 - 5064 - 8994 - 2

Ⅰ. ①做… Ⅱ. ①宋… Ⅲ. ①男性—人生哲学—少儿读物 Ⅳ. ①B821 - 49

中国版本图书馆 CIP 数据核字（2012）第 187323 号

策划编辑：库 科　　责任编辑：胡 蓉
特约编辑：李秀芹　　责任印制：储志伟

中国纺织出版社出版发行
地址：北京东直门南大街 6 号　邮政编码：100027
邮购电话：010—64168110　传真：010—64168231
http://www. c - textilep. com
E-mail: faxing@ c - textilep. com
三河市航远印刷有限公司印刷　各地新华书店经销
2012 年 12 月第 1 版第 1 次印刷
开本：710 × 1000　1/16　印张：15. 5
字数：138 千字　定价：26. 80 元

前言

每个成长中的男孩都希望听到一句这样的夸奖："你真是个懂事的孩子啊!"

谁都不愿听到有人对自己说："你怎么这么不懂事呢?"

可见，懂事是所有男孩的内心需求，懂事的孩子是受欢迎的，也令父母感到欣慰。那么，什么样的孩子才是懂事的孩子呢?

做个懂事的男孩，你需要具备美好的品德，要懂得去感恩和回报他人，要拥有健全的性格和良好的生活习惯，还要努力学习文化知识，懂得怎样去交朋友，能够管住自己，自己的事情自己做，还要有一个良好的心态，有自己的追求和梦想。拥有了这些，你就能够脱胎换骨，成为人人喜欢的男孩。

懂事是男孩成长中的必修课，一个懂事的男孩懂得理解他人，体谅大人的良苦用心，自己能做的事情自己独立去做，不让大人为自己而操心。相比其他男孩来说，懂事的男孩显得更成熟、更稳重，也就更讨人喜欢。

现在的男孩大多都是家里的"小王子"，整天被人众星捧月般地供养着。久而久之，男孩长大以后，变得只知道尽情享受大人的关爱，根本不知道回报，甚至认为这都是理所当然的，这样的男孩显然是不懂事的。乌鸦尚知反哺，我们人类岂能只知坐享其成？这就需要让男孩迅速成长起来，深刻了解父母为抚育我们健康成长所付出的心血，并以自己的实际行动回报他们的爱。

变得懂事是每个男孩的愿望，更是父母殷切期盼的，但懂事也不是说说就能做到的，需要男孩主动去学习、去实践、去探究。为此，我们特策划编辑出版了这本书。书中的每一个故事、每一句哲言、每一段评论，都经过了精心的筛选和提炼，犹如一碗碗“心灵鸡汤”，让男孩在轻松的阅读过程中受到潜移默化的影响，是男孩懂事成长的人生智慧宝典。书中的故事采用了新颖的编排体例，特别添加了知识窗这个板块，既增加了可读性和趣味性，又能很好地帮助男孩理解那些微妙含蓄的人生智慧。

当你遇到困难和挫折的时候，你要学会面对；当你得到帮助和安慰的时候，你要学会感恩；当你懂得帮助和安慰他人的时候，你就变得懂事了。

编著者

2012 年 5 月

目 录

第一章 美好的品德让你更优秀

第二章 用一颗真诚的心去感恩

第三章 好性格是后天塑造的

第四章 成功从培养习惯开始

第六章 好朋友就是一本好书

第七章 管好自己才能把握未来

第八章 路要自己走才能越走越宽

第九章 良好心态让你受益一生

第十章 追逐梦想让青春更亮丽

第一章

美好的品德让你更优秀

品德是一个人的第二身份证。每一种美德，如诚实、正直、善良、谦虚、宽容等，都是人们希望拥有的。虽然生活中有以貌取人的低俗之人，但一个人真正的形象来自于品德。

在日常生活中，我们经常看到，有的人表现出来的影响力不如其智商高，这种差异是由于品德修养欠缺造成的。每一个男孩都应该成为有道德的人。也许你不信奉上帝，也不屈服于命运，但却不能不相信自己内心的真实感受。当你做了一件好事，你一定能感受到愉悦感；而当你做了一件坏事，内心的煎熬与纠结将灼烧着你的灵魂。

懂事的男孩应该具备良好的道德。这不仅让你受到尊重，同时会对周围的人产生正面影响，从而更加注意自己的言行，遵守公共道德规范。这样，我们的生活就会变得更加美好、更加和谐。

贫穷的小提琴手

走正直诚实的生活道路，必定会有一个问心无愧的归宿。

——苏联作家　高尔基

知识窗

维也纳是奥地利的首都，是奥地利最大的城市和政治中心，位于多瑙河畔。维也纳还是享誉世界的文化名城，有“音乐之都”的盛誉，许多音乐家都在此度过大部分生涯，至今博物馆里还有他们的手迹和创作的乐谱。

在繁华的纽约街头，一个贫穷的小提琴手像往常一样站在地铁站口，专心致志地拉着他心爱的小提琴。他的琴声优美动听，虽然人们都急急忙忙地赶着回家过周末，但还是有很多人情不自禁地放慢脚步，在年轻艺人前面的礼帽里放一些钱。

第二天黄昏，年轻的艺人又像往常一样准时来到地铁站口，把他的礼帽摘下来很优雅地放在地上。和以往不同的是，他还从包里拿出一张大纸，然后很认真地铺在地上，四周还用自备的小石块压上。做完这一切以后，他调试好小提琴，又开始了演奏，悠扬的琴声再次响起。

不久，年轻的小提琴手周围站满了人。人们都被铺在地上的那张大纸上的字吸引了，有的甚至还踮起脚尖看。上面写着："昨天傍晚，有一位叫乔治·桑的先生错将一份很重要的东西放在我的礼帽里，请您速来认领。"

人们看了之后议论纷纷，都想知道是一份什么样的东西，有的人甚至还等在一边想看个究竟。过了半小时左右，一位中年男人急急忙忙地跑过来，拨开人群就冲到小提琴手面前，抓住他的肩膀语无伦次地说："啊！是您呀，您真的来了！我就知道您是个诚实的人，您一定会来的。"

年轻的小提琴手平静地问："您是乔治·桑先生吗？'

男人连忙点头。小提琴手又问："您遗落了什么东西吗？"

那个先生说："彩票，彩票。"

小提琴手从怀里掏出一张彩票，上面还醒目地写着一个人的名字——乔治·桑。小提琴手举着彩票问："是这张吗？"

乔治·桑迅速地点点头，抢过彩票吻了一下，然后抱着小提琴手兴奋地转了两圈。

原来乔治·桑是一家公司的小职员，他前些日子买了一张彩票，昨天上午开奖，他得知自己中了50万美元的奖金。昨天下班，他心情很好，觉得音乐也特别美妙，于是就从钱包里掏出50美元，放在了礼帽里，可是不小心把彩票也扔了进去。小提琴手是一名艺术学院的学生，本来打算去维也纳进修，已经订好了机票，时间就在今天上午。可是他昨天晚上整理东西时发现了这张价值50万美元的彩票，想到失主会来找，于是改签了机票，又准时来到每天拉琴的地铁站。

后来，有人问小提琴手："你当时那么需要一笔学费，为了赚够这笔学费，你不得不每天到地铁站拉小提琴，可你为什么不把那50万美元的彩票留下呢?”

小提琴手说：“虽然我没钱，但我活得很快乐；假如没了诚信，我一天也不会快乐。”

男孩该懂得的道理

诚信是一个人的立足之本。孔子说过：“人而无信，不知其可也。”意思是人若不讲信用，在社会上就无立足之地，什么事情也做不成。作为男孩，一定要恪守诚信，让诚信成为我们品德修养的重头戏，把诚信作为人生中的一个坐标，做老实人，说老实话，办老实事。

诚信就是一把钥匙，打开你我心中那扇门上的锁，让我们敞开心扉，沐浴那纯净的阳光吧。诚信也是一种力量的象征，它显示着一个人内心的安全感与尊严感。我们的生活是需要诚信的，有了诚信才会有幸福可言。

珠宝店里的一幕

宽容就像天上的细雨滋润着大地。它赐福于宽容的人，也赐福于被宽容的人。

——英国剧作家、诗人　威廉·莎士比亚

在美国经济大萧条的年代，人们的工作机会非常难得。有一位15岁的男孩好不容易在珠宝店找到一份售货员的工作，虽然这只是暂时性的工作，但男孩做得很出色、很认真。圣诞节即将到来，珠宝店里的生意非常忙碌，男孩工作相当勤奋，经理想继续聘用他。

中午时分，男孩正将柜上的戒指全部拿出来整理，忽然，他瞥见柜台边来了一位中年男子，看上去30岁左右，而且穿着有点破旧的衬衫，满脸散发着悲伤、怨愤的气息，似乎也说明了这个人的生活遭遇。而他此刻正贪婪地盯着那些珠宝首饰。这时，电话铃响了，男孩因为急着去接电话，不小心把摆放珠宝的碟子打翻了，六枚精

知识窗

“大萧条”是指1929年至1933年全球性的经济大衰退。这次“大萧条”的影响比历史上任何一次经济衰退都要来得深远，中欧和东欧许多国家的企业都因此而破产。

致的钻石戒指随即掉落在地上。

男孩连电话都顾不上接了，急忙趴到地上寻找，先后捡起了五枚戒指。“咦？还有一枚戒指呢？”男孩在地上找了半天，怎么也找不到，不禁急出了一身冷汗。

这时，男孩看到那个男子正向门口走去，忽然，他心里知道戒指在哪儿了。当男子的手即将拉门把走出珠宝店时，男孩温和地喊了一声："对不起，先生！"

男子顿时停住，并转过身来。之后，约有一分钟的时间像是静止的！

最后，男子打破静默，微微颤抖地问："什么事？"声音似乎卡住了，他咽了咽口水，又复述了一遍："什么事？"

男孩低下了头，神色黯然地说："先生，这是我第一份工作。唉！现在想找个工作很难啊，不是吗？"

男子看着他，也低头沉思。忽然，男子的脸上浮现微笑："是啊！的确如此。但是我可以肯定一件事，你在这里一定做得很不错。"他停了一下，向前走了一步，接着把手伸了出来，并对着男孩说："我可以为你祝福吗？"

男孩立即伸出了手，微笑着。只见两只手紧紧地握在一起，男孩接着也用十分灿烂的声音对这名男子说："祝你好运！"

男子随后便转身离开，男孩目送他的身影消失了，才转身回到柜台，将手中的第六枚戒指放回原处。

男孩该懂得的道理

在这个故事中，男孩发现一枚戒指不见了，并没有鄙视捡到戒指的男子，并与之争吵，而是用宽容的姿态和温和的态度感化了这个男子，从而巧妙地要回了"丢失"的第六枚戒指。由此可见，宽容在人与人交往中所发挥的"润滑剂"的独特作用。

宽容犹如温暖的春风，它能够浸润人的心灵；宽容仿佛春天的甘露，能够使人心灵深处的枯枝发芽、开花。想懂事的男孩必须拥有宽容的美德。在与人交往中，多给他人一些理解和包容，学会将心比心，宽容别人；对别人的缺点善意指出，并帮助其改正，而不是在背后说三道四。如果你能够宽容别人，你的不足之处也能够得到别人的宽容。

小股东的大手笔

诚实是力量的一种象征，它显示着一个人的高度自重和内心的安全感与尊严感。

——美国心理学家　艾琳·卡瑟

1835 年，约瑟·摩根先生成为一家名叫“伊特纳火灾”的保险公司的股东。因为这家小公司在成立时不用股东实际拿出现金，股东只要在名册上签上自己的名字即可。当时，摩根没有充裕的现金，这正符合他当时没有现钱却想获得收益的境况。

很快，有一家在伊特纳火灾保险公司投保的客户遇到了火灾，如果按照法律规定完全付清赔偿金，保险公司就会濒临破产。不少投资者显然没有经历过这样的事件，个个惊慌失措，愿意自动放弃他们的股份，因为他们不愿承担掏钱赔偿投保人的损失，纷纷要求退股。

摩根斟酌再三，认为自己的信誉比金钱重要。于是，他四处筹款并卖掉了自己的房产，用变卖家产获得的钱低价收购了所有要求退股的股东们的股份，然后他将赔偿金如数返还给了投保的客户。

这样一来，人们认为伊特纳火灾保险公司有信誉，短时间内，公司声名鹊起，单就知名度而言，几乎可以与大公司相提并论。此时，几乎身无分文的摩根先生就成了这个保险公司的唯一股东，然而保险公司已经濒临破产。他在无奈之中打出了一份公告，并在公告中声明：凡是再投保伊特纳火灾保险公司的客户，保险金一律加倍收取。

知识窗

保险是最古老的风险管理方法之一。在保险合约中，被保险人支付一个固定金额给保险公司，称为“保险费”；保险公司在约定时期内对被保险人造成的损失给予一定补偿。

不料，客户不但没有退缩，反而很快蜂拥而至。原来，经过这次赔偿客户火灾事件，很多客户都认为，伊特纳火灾保险公司是最讲信誉的，这一点使它比许多有名的大保险公司更值得信赖，因而大受欢迎。伊特纳火灾保险公司从此迅速崛起，很快就成了保险行业里的大公司之一。

许多年之后，摩根主宰了美国华尔街金融帝国。而当年的摩根先生正是他的祖父，是美国亿万富翁摩根家族的创始人。

男孩该懂得的道理

成就摩根的并不仅仅是一场火灾，而是比金钱更有价值的诚信美德。所以，摩根的这一举措虽然冒了风险，无疑却是他创业路上的大手笔。还有什么比让别人信任你更宝贵呢？有多少次人们信任你，你就拥有多少次成功的机会。成功的大小是可以衡量的，而诚信是无价的。

诚信是一种良心的承诺，也是一种道德的约束。诚信的力量是巨大的，有了诚信，彼此间才能够以诚相待，建立友谊。诚信是一个男孩的立身之本，一个全无信用可言的男孩一定会为众人所不齿。因此，男孩应培养自己高尚的品格，养成守信用的好习惯，做个让人喜欢、信赖的懂事男孩。

亚历山大大帝的军衔

骄傲自满是我们的一座可怕的陷阱。而且，这个陷阱是我们自己亲手挖掘的。

——中国现代著名文学家　老舍

亚历山大大帝骑马旅行来到俄国西部。一天，他住进了一家小客栈。为进一步了解民情，他决定徒步旅行。当他穿着没有任何官衔标志的衣服走到三岔路口，却记不清回客栈的路了。

亚历山大无意中看见有个军人站在一家旅馆门口。于是他走上去问道："朋友，你能告诉我去客栈的路吗?"军人叼着一只大烟斗，头一扭，高傲地把这身平纹布衣的旅行者上下打量一番，傲慢地答道："朝右走!""谢谢!"大帝又问道，"请问离客栈还有多远?""一英里。"那军人生硬地说，并瞥了陌生人一眼。

知识窗

亚历山大大帝（公元前356—前323年）是历史上第一位征服欧亚大陆的著名帝王。在担任马其顿国王的短短13年中，以其雄才大略，先是确立了在古希腊的统治地位，后来又征服了波斯、埃及和其他王国，创下了前无古人的辉煌业绩。

大帝抽身道别，刚走出几步又停住了，回来微笑着说："请原谅，我可以再问你一个问题吗？如果你允许我问的话，请问你的军衔是什么？"军人猛吸了一口烟说："你猜。"大帝风趣地说："中尉？"那烟鬼的嘴唇动了一下，意思是说不止中尉。"上尉？"烟鬼摆出一副很了不起的样子说："还要高些。""那么，你是少校？""是的！"他高傲地回答。于是，大帝敬佩地向他敬了礼。

少校转过身来摆出对下级说话的高贵神气："你是什么军衔？"大帝乐呵呵地回答："你猜！""中尉？"大帝摇头说："不是。""上尉？""也不是！"少校走近仔细看了看说："那么你也是少校？"大帝镇静地说："继续猜！"少校取下烟斗，那副高贵的神气一下子消失了。他用十分尊敬的语气低声说："那么，你是部长或将军？""快猜着了。"大帝说。"殿……殿下是陆军元帅吗？"少校结结巴巴地说。大帝说："我的少校，再猜最后一次吧！""皇帝陛下！"少校的烟斗从手中一下掉到了地上，猛地跪在大帝面前，忙不迭地喊道，"陛下，饶恕我！陛下，饶恕我！""饶你什么？朋友。"大帝笑着说，"你没伤害我，我向你问路，你告诉了我，我还应该谢谢你呢！"

男孩该懂得的道理

无论在何地何时，面对任何一个人，都要谦恭。现实生活中，我们周围的有些人，大多时候想的是怎样显示自己的绝对权威，怎样稳坐自己的宝座，怎样招摇自己十足的官气。而这种骄傲只会给你带来不必要的麻烦或损失；只有谦恭，才会给你带来幸运和快乐。具有谦虚谨慎品格的人，不喜欢装模作样、摆架子、盛气凌人。

一个人不论从事何种职业，担任什么职务，必须具备谦虚谨慎的品德，这样才能保持不断进取的精神，才能增长更多的知识和才干。因为谦虚谨慎的品德能够帮助我们看到自己的差距，永不自满，冷静地倾听他人的意见和批评，谨慎从事。否则，骄傲自大、满足现状、停步不前，轻者使工作受到损失，重者会使事业半途而废。

抱着空花盆的孩子

诚实比一切智谋更好，而且它是智谋的基本条件。

——德国哲学家 康德

从前，有个老国王没有儿子，所以想在全国挑选一个孩子继承他的王位。可是，哪个孩子最适合当国王呢？他想啊想，终于有了一个主意。他决定在全国范围内挑选一个孩子做他的义子，培养成自己的接班人。

国王把全国的孩子都召集起来，给孩子们每人发一些花种子，宣布三个月后，谁种的花最美丽，谁就会成为国王的继承人。孩子们领回种子后精心培育，从早到晚，浇水、施肥、松土，谁都希望自己能够成为幸运者。

在这些孩子当中，有个孩子的名字叫雄曰，他拿到花种后也整天精心地培育它。但是10天过去了，半个月过去了，一个月过去了，花盆里的种子连芽都没有冒出来，更别说开花了。

三个月的时间很快过去了，全国各地的孩子又聚集到王宫前，他们各自捧着盛开着鲜花的花盆，用期盼的目光看着缓缓巡视的国王。然而国王环视着争奇斗艳的花朵和漂亮的孩子们，并没有像大家想象中的那样高兴。

知识窗

世界各国国花：
日本——樱花
澳大利亚——金合欢
俄罗斯——向日葵
韩国——木槿花
美国——玫瑰
西班牙——石榴
意大利——雏菊
荷兰——郁金香
德国——矢车菊
墨西哥——仙人掌
希腊——橄榄花

忽然，国王看见了端着空花盆的雄曰。他无精打采地站在那里，眼角还有泪花。国王把他叫到跟前，问他："你为什么端着空花盆呢？"

雄曰心里很悲伤。他把自己如何精心培育，但花种子怎么也不发芽的经过说了一遍。他还说，这是报应，因为他在别人的果园中偷过一个苹果吃。等雄曰把话说完后，没想到国王的脸上却露出了最开心的笑容。他把雄曰抱起来，高声说："孩子，我找的就是你！"

"为什么是这样？"大家不解地问国王。国王说："我发下的花种全部都是煮过的，根本就不可能发芽开花的。"雄曰听了这话，也高兴地笑起来。

捧着鲜花的孩子们都低下了头，在他们的心里，也许又播下了另一颗种子。

男孩该懂得的道理

故事中的国王想看的不是哪个孩子种的花最漂亮，而是哪个孩子最诚实。当你播下诚实的种子，收获的将是人生的硕果。男孩要想懂事，就必须具备诚实的美德，只有诚实的种子能够在大地上生根、发芽、开花，世界才会变得更加美好。

诚信就像一轮圆月，唯有与皎洁的月光相伴，才能衬托出对待生命的态度；诚信就像一个砝码，在生命的天平上，放上它，摇摆不定的天平就会稳稳地倾向它；诚信更像是高山之水，能够在浮动的社会里，洗尽铅华，洗尽虚伪，露出真诚。所以我们应该在全社会大力提倡诚信，为社会风气的净化，尽一份自己的责任！

独木桥上的两只羊

世界上最宽广的是大海，比大海更宽广的是天空，比天空更宽广的是人的胸怀。

——法国作家 雨果

一天放学后，郭磊和李辉坐公交车回家。郭磊发现他前面有个空座位，本想喊李辉去坐，可是李辉却猛地跑过去自己先坐上了。

郭磊回家后，气呼呼地把这件事告诉了妈妈，还问怎么报复李辉。妈妈意识到这是个“严重”的问题，略一思索说：“郭磊，别生气了，妈妈给你讲个故事好吗?”

“好的。”郭磊从小就是个故事迷，一听妈妈要给自己讲故事，便立刻来了兴致。

知识窗

羊是人们熟悉的家畜之一，雄羊有螺旋状的大角，雌羊没有角或仅有细小的角。羊的饲养在我国已有5000余年的历史。羊全身是宝，其毛皮可制成多种毛织品和皮革制品。

妈妈讲道：从前，森林中有一条河流，河水湍急，不停地打着旋涡，奔向远方。河上有一座独木桥，窄得每次只容一人经过。

某日，东山上的羊想到西山上去采草莓，而西山的羊想到东山上去采橡果，结果两只羊同时上了桥，到了桥中心，彼此碰上了，谁也走不过去。

东山的羊见僵持的时间已很长了，而西山的羊仍然没有退让的意思，便冷冷地说道：“喂，你的眼睛是不是长在屁股上了，没见我要去西山吗？”

“我看你是干脆连眼都没长吧，要不，怎么会挡我的道？”西山的羊反唇相讥。

“你让还是不让，不让开，我就闯。”东山的羊摇了一下头，那意思是说：“看到没有，我的犄角就像两把利剑，它正想尝尝你的一身肥肉是否鲜美呢。”

“哼，跟我斗，没门！”西山的羊仰天长“咩”一声，便低头用犄角去顶东山的羊。

“好小子，我看你是不想活了！”东山的羊边骂边低头迎上西山的羊。

“咔！”这是两只羊的犄角相碰撞的声音。

“扑通！”这是两只羊失足，同时落入河水中的声音。

森林里安静下来，两只羊跌入河水中淹死了，尸体很快就被河水冲走了。

讲完故事后，妈妈对郭磊说：“这两只山羊都掉进河中淹死了。你想想，它们为什么会掉进河中呢？怎样做才可以都平安通过独木桥？”

“妈妈，这还不简单呀！两只山羊之所以被淹死，是因为它们没有德行，互不相让呗！如果有一只忍让一下，退到桥头，就不会发生相撞而掉进河里的事情了。”郭磊笑着答道。

“是呀，两只山羊如果都让一让，就什么事情都不会发生。同样的道理，你每天都回家抱怨这个同学不帮助你打扫卫生，那个在公交车上和你抢座位，这些都是无关原则的小事。如果你心胸开阔一点，懂得忍一忍、让一让，那么不是什么事也不会发生了吗？你和同学们之间的关系不也就变得和谐、融洽了吗？”

郭磊听后，明白了妈妈的意思，他向妈妈表示一定要克服自己心胸狭窄的毛病，做一个有德行、明事理、有容人之心的人。

男孩该懂得的道理

当男孩子克服掉“我要”、“我的”、“我是”等“我”字时，他的胸襟就会开阔起来，心中才会有别人。心胸狭隘的男孩之所以不快乐，就是因为心里只有一个“我”字。在克服了以自我为中心的个人主义后，应对自己的亲人、同学、朋友等都要多一份关心，要体谅他们；对一些无心的过错要谅解，要多为他人着想。当你这样去做时，同时你也能获得更多的关爱和友谊。

宽容是一种美德，是做人的一种境界，男孩应该让自己的心胸宽广一些，这样才能更加快乐。在这个世界上，没有人是绝对完美的，正因为每个人都有这样或那样的缺点，因此我们每个人都有宽恕和被宽恕的时候。

聪明容易善良难

善良的行为有一种好处，就是使人的灵魂变得高尚了，并且使它可以做出更美好的行为。

——法国启蒙思想家　卢梭

杰夫·贝佐斯的祖父母在科图拉有个农场。小时候，每年夏天他都去那儿过暑假。贝佐斯10岁的那年，他对周围的世界已经开始有了自己的认识，就自以为无所不知了。

有一次，贝佐斯跟随祖父母一块旅行。路途漫长，他有很多的时间来胡思乱想。那天，在途中他算出了老爷车每英里耗油量，算出了各种零食的平均价格……还有什么可算的吗？

> **知识窗**
>
> 杰夫·贝佐斯，1964年1月12日生于美国新墨西哥州中部阿尔布奎克。他是美国著名网络商城——亚马逊公司的创始人兼首席执行官。1999年当选《时代》周刊年度人物。

他突然想起曾看过一个反对吸烟的电视节目。主持人说每抽一口烟，就相当于缩短了2分钟的生命。祖母是个烟民，杰夫·贝佐斯决定算算她的寿命。他已经不记得具体数字了：一口等于2分钟，一支香烟等于20

口，一包烟等于 20 支。祖母有 30 多年烟龄，按每天一包计算——她的寿命缩短了 16 年还多。他反复核对了结果，开始为自己的聪明才智而沾沾自喜。他把头探到前排，拍了拍祖母的肩膀说："您的寿命因为抽烟而减少了 16 年！"接着，他得意地向祖母展示他的论据和推算过程，完全没有顾及她的感受。

结果，他并没有听到祖母的夸奖，而是看到眼泪从祖母脸上无声地落下！在祖母无法抑制的泪水中，他好像一脚踩中了地雷，这才发现自大无知的他对他人造成了多大的伤害。一直默默开车的祖父，小心地把车停在公路边，跳下车，示意他也下车。

他们往后走了几步，在老爷车和大篷车的连接处站定。他等着受处罚，而祖父则看着他，他们都没说话，只听到大篷车队隆隆驶过的声音。然后一只大手温柔地放在他肩上，祖父说："有朝一日你会明白，做个聪明人很容易，但做个善良的人很难。"这句箴言和祖父温和的态度，给他上了宝贵的一课，祖父说的这句话令杰夫·贝佐斯永生难忘。

以前，他一直佩服祖父敏捷的思维和惊人的记忆力。从那天以后，他才开始注意到祖父的善良。也是从那天起，杰夫·贝佐斯一直在努力做个善良的人。

男孩该懂得的道理

聪明的头脑是先天而来的，只是上天赐予你的财富，这只能说明你的运气好，没什么可骄傲的。但不是每个人都懂得以善良的方式来使用这笔财富，能成为一个善良的人，才真正值得自豪。

一个善良的人才会富有爱心，才能被人接受、受人尊重。善良的男孩，通常很会替他人着想，愿意帮助别人，在看到别人难受时，更容易伤感。这都是善良的一种体现。我们要强化自己的善良天性。

谁偷了那条绣带

诚实是力量的一种象征，它显示着一个人的高度自重和内心的安全感与尊严感。

——美国心理学家　艾琳·卡瑟

卢梭是法国伟大的启蒙思想家、哲学家，18 世纪法国大革命的思想先驱。但是他小时候做过一件令他十分懊悔的事情。

为了生存，卢梭曾在一个有钱人家里打工。一天，这家的女主人去世了，家里进进出出全是人，非常混乱，卢梭就趁机偷了这家小姐的一条绣带。当时只是觉得好玩才拿的，也没怎么特意藏起来，结果不久就被发现了。

严厉的老管家把卢梭叫到跟前，拿着那条绣带问他："说，这条绣带是哪里来的？"卢梭紧张极了，支吾了半天，说："是……

是马里翁送给我的。”马里翁是家里的厨娘，不但人长得漂亮，而且乖巧、谦虚、诚实，大家都很喜欢她，所以谁也不相信卢梭。

于是，管家把马里翁叫来，让她和卢梭当面对证。卢梭心想，既然已经撒了谎，索性就来个贼喊捉贼。于是马里翁一到，他就首先指着马里翁大声地说：“就是她，是她把那个东西送给我的。”

马里翁吃惊地瞪大眼睛看着卢梭，愣了半天才说：“不是的，管家，我根本不知道这件事，我也没见过这条绣带。”

卢梭心中慌乱，但仍然硬着头皮说：“你撒谎，就是你送给我的。”

马里翁用一双无辜的眼睛看着卢梭，说：“谁撒谎谁心里清楚，求你说实话，可不要因为一条绣带断送了我的前途！”

卢梭虽然知道这样诬蔑好人是不对的，可是又不好反悔，只好继续很无耻地指控马里翁。

最后，马里翁很气愤地对卢梭说：“卢梭，我以为你是个好人，原来你是个爱撒谎的坏孩子，我算是看错你了。”

知识窗

《忏悔录》是卢梭在颠沛流离、四面受敌的逃亡生活中断断续续完成的。卢梭通过自我忏悔，把他与众不同的人生经历、思想情感和行为举动都淋漓尽致地展现在世人眼前，并引导我们深入那一时代去认识、思考关于人和社会的许多奥秘和深层次问题。

于是，她转过头去，继续为自己辩解，再没有搭理卢梭。因为她觉得，不值得和这样一个不诚实的人争论。

由于卢梭和马里翁都不承认自己偷拿了绣带，管家只好把两个人都辞退了，并且说：“撒谎者的良心会惩罚罪人的，它是会为无辜的人讨回公道的。”

果然，老管家的预言没有落空。卢梭从此受到了来自良心的强烈谴责，他会时常想起那双无辜而善良的眼睛。想到由于自己的不诚实使得她丢掉工作，白白顶上小偷的罪名，并且很难再有人信任她，找到合适的工作，卢梭的心里就有说不出的难过，就像千万条小虫子在咬他的心一样。

四十年后，卢梭把这件事写到他的名著《忏悔录》里，以此来警醒人们，一定要说实话，不要随便诬陷好人。否则，你将永远为自己的罪行忏悔，遭受良心的谴责。

男孩该懂得的道理

诚实是人的宝贵品质，撒谎总有一天会被别人拆穿的。林肯有句名言：“你可以在全部时间内欺蒙住部分的人；你也可以在部分时间内欺蒙住全部的人；但你不可能在全部时间内欺蒙住全部的人。”诚实是成功的“助推器”，谎言则是成功的“绊脚石”。

男孩从小就要培养自己诚实的品德，诚实犹如一颗青涩的果子，你咬一口，虽然很苦，却回味无穷；倘若你将它丢弃，便会终身遗憾！

火锅店里的乞丐们

在一切道德品质之中，善良的本性在世界上是最需要的。

——英国哲学家、数学家　罗素

有这么一对夫妇，他们因为下岗，找不到合适的出路，就在朋友、亲属以及街坊邻居们的帮助下，在小城新兴的一个服装市场里开起了一家不大不小的火锅店。

小店刚开张时，生意十分冷淡，全靠朋友和街坊照顾才支撑下去。夫妇俩都是淳朴善良的人，待人诚恳热诚，饭菜价格低廉，赢得了大批的“回头客”，生意一天一天地好起来。

然而，在这些人来客往当中，却总有一些乞丐，几乎每到吃饭的时间，就会成群结队地到这个火锅店来要饭。这对夫妇俩并没有厌烦，他们笑呵呵地给这些肮脏拖沓、令人厌恶的乞丐高举到面前来的那些五花八门的锅碗瓢盆中，盛满热饭热菜。让人惊讶的是，夫妇俩施舍给乞丐们的饭菜，都是从厨房里盛来的新鲜饭菜，并不是那些顾客用过的残汤剩饭。来小店的乞丐们好像也很知趣，讨了饭菜就走，从不在火锅店的门口逗留而影响夫妇俩的生意。

对这对夫妇的善意，有人佩服，有人不解，有人讥笑，也有人在诽谤。可是夫妇俩一如既往。

大约半年以后的一天深夜，服装市场里突然起火。由于整个市场中都是些丝绸、化纤、棉麻制品一类的易燃物品，火借风势，眨眼的工夫，整个市场便是一片火海。

邻近的火锅店眼看要被大火吞噬，这天这家火锅店的男主人恰好到外面进货，店里只留下了妻子照看。一无力气、二无帮手的女店主，一时慌了手脚。

危急时刻，只见那些平常天天上门乞讨的乞丐，像天兵天将降临一样，在老乞丐的率领下，冒着生命危险将那一个个笨重的液化气罐搬运到了安全的地段，并将那些易燃的物品也全都搬了出来。

> **知识窗**
>
> 火锅是中国的传统饮食方式，起源于民间，流行于全国各地。今日火锅的容器、制法和调味等，虽然已经历了上千年的演变，但一个共同点未变，就是用火烧锅，以水（汤）导热，煮（涮）食物。这种烹调方法早在商周时期已经出现，可以说它是火锅的雏形。

消防车很快开来了，火锅店由于抢救及时，虽然也遭受了一点儿损失，但有惊无险，控制住了险情。尤其是火锅店里那些笨重的液化气罐子如果不及时搬离火场，一旦发生爆炸，后果将不堪设想，整个市场都会被夷为平地，那损失可就大了。

男孩该懂得的道理

做了好事，必然会赢得周围人的尊敬，具备善良美德的男孩是值得信赖、信任和效仿的，这也是自然的事情。当你撒下爱的种子，必然得到爱的回报；播下恶的种子，也必然得到恶的惩罚。做一个懂事的男孩，首先就要有善良的美德，才会得到别人的赞赏。

善良，不需要太多的诠释，它是寒风中的一只火把，失意处的一句安慰，痛苦中的一丝爱抚，无助时的一点支援。把善良给别人，也给自己，那么人类将与日月同辉；留一份善良给世界，那么世界将与星宇同寿。

“新人”计划

当我们是大为谦卑的时候，便是我们最近于伟大的时候。

——印度诗人 泰戈尔

知识窗

俱乐部是人们聚集在一起进行娱乐活动的组织团体或者场所，是具有某种相同兴趣的人进行社会交际、文化娱乐等活动的团体或场所。俱乐部文化起源于17世纪的英国。

富兰克林8岁入学，虽然成绩优异，但由于他家中孩子太多，父亲的收入无法负担他读书的费用。他10岁时就离开了学校，回家帮父亲做蜡烛。12岁时，富兰克林到哥哥詹姆士经营的小印刷厂当学徒。17岁那年，他不满哥哥的严格管理而私自出走，在费城当了一名印刷工。

在这里，富兰克林组织了一个读书交友会。当时工人做工都围着一个围裙，所以这个读书交友会就叫“皮围裙俱乐部”。业余时间，年轻人经常在这里交流各自的读书心得、人生理想和个人发展计划。加入的会员多是年轻的工友，大部分人都是很早出来做工，没有上过几年学，肚子里没有多少知识。

富兰克林在印刷厂做工期间也掌握了一些知识。自以为“山中无老虎，猴子称大王”。于是，富兰克林有点飘飘然，经常在会友们面前夸夸其谈，卖弄一番自己的学问，甚至有点瞧不起其他工友，其过分自负招致很多人对他看不顺眼。

有一天，一个会友把富兰克林叫到一旁，大声对他说：“富兰克林，像你这样是不行的！凡是别人与你的意见不同时，你总是表现出一副强硬而自以为是的样子。你这种态度令人觉得很难堪，以至于别人懒得再听你的意见了。你的朋友们觉得不同你在一起时，倒感到自在些。你好像无所不知、无所不晓，别人对你无话可讲了。人人都懒得来和你谈话，因为他们费了许多气力，反而觉得不愉快。你以这种态度来和别人交往，不去虚心听取别人的见解，这样对你自己根本没有任何好处。你从别人那儿根本学不到一点儿东西，但是实际上你现在所知道的却很有限。”

富兰克林听了会友的批评，觉得无话可说。他讪讪地站起来，一边拍着身上的灰尘，一边说：“我很惭愧。不过，我也很想有所长进。”

“那么，你现在要明白的第一件事就是，你已经太蠢了！现在还是太蠢了！”这个会友说完就生气地走开了。

会友一番劝告如同当头棒喝，让富兰克林受到了打击。他猛然醒悟，并下决心把一切骄傲都抛在脚下。他与自己作了一次深刻“对话”，他提醒自己说：“要马上行动起来!”他要研究一个新题目，这个题目不是研究如何去制版印刷，而是要研究如何制造出一个“新人”来——这个“新人”就是富兰克林自己。

后来，富兰克林克服了骄傲、自负的毛病，经过奋斗成了著名的科学家、政治家和文学家。

男孩该懂得的道理

巴尔扎克说过：“自满、自高自大和轻信，是人生的三大暗礁。”你希望像富兰克林那样成为一位杰出人物吗？那么，你从小就要培养谦逊的品德。当自己取得突出成绩时，要克服骄傲自满情绪，保持平常心，不要沾沾自喜、自以为是。这样，你走向成功的步伐才会更加从容、稳健。

谦逊的品德是每个男孩所必须具备的。骄傲会让男孩放弃努力，甚至孤立自己，在生活中处处碰壁。骄傲的男孩常在自己的周围树起一道无形的“城墙”，形成与外界的隔膜，这使他们的心胸变得很狭窄。他们虽能取得一定的成绩，但往往没有远大理想和志向，而只满足于眼前取得的成绩。而且，他们看不到别人的成绩，只会“坐井观天”。

第二章

用一颗真诚的心去感恩

生活中，一个友好的眼神、一句温暖的话语、一点儿来自他人微小的帮助……我们都应该心存感恩，并作出回报。每个人都应该拥有一颗感恩的心，感恩是我们每个人生活中不可或缺的阳光雨露。无论你身在何方，有过怎样特别的生活经历，只要你胸中常常怀着一颗感恩的心，你的生活中就会出现一处处动人的风景。

感恩是一种处世哲学，不仅可以消解内心的积怨，还能涤荡世间的尘埃。人生在世，不可能一帆风顺，种种失败、无奈都需要我们勇敢地面对、豁达地处理。懂得感恩，才会在生活中发现美好，用感恩的心态去对待每一天，去对待世界、对待人生、对待朋友、对待困难；学会感恩，一颗心将永远被温暖笼罩，我们的生活将永远充满关怀、充满真情、充满爱心；懂得感恩、善于感恩，我们将拥有整个世界。

臭气弹的“功劳”

不管一个人取得多么值得骄傲的成绩，都应该饮水思源，应该记住是老师为自己的成长播下了最初的种子。

——法国的物理学家、化学家　居里夫人

知识窗

“曼哈顿计划”是美国陆军部于1942年6月开始实施的利用核裂变反应来研制原子弹的计划。该工程集中了当时最优秀的核科学家，动员了10万多人参加这一工程，历时3年，耗资20亿美元，于1945年7月16日成功地进行了世界上第一次核爆炸。

美籍意大利物理学家费米，自幼聪慧。他十多岁就能独立理解高深的数学问题。中学时，他的学习就远远超出了学校规定的内容。1918年，费米考入比萨高等师范学院，他因完成了一篇高质量的论文而轰动了全校，并由此获得了免费教育助学金。

费米生性好动，非常调皮，喜欢恶作剧，经常花很多时间玩耍。费米18岁那年，有一天，老师正在兴致勃勃地讲课，同学们听得也很认真，只有费米在和同学拉赛蒂交头接耳，还不时搞一些小动作。他们觉得书上的内容早已掌握，老师讲得也很乏味，于是，他们玩着一枚自己设计和制作的臭气弹。突然，“嘣”的一声，臭气弹爆炸了。顿时，教室里一片惊叫声，臭气充满了整个教室。课堂被搅乱了，老师愤然离开了教室。

这件事迅速传遍全校。许多老师纷纷向校长建议，将在课堂上搞恶作剧的费米开除。这时，实验课老师普齐安及时站了出来为费米辩解。他大声说：“费米搞臭气弹固然不对，但他是由于精力旺盛得不到知识上的满足，我们老师的责任是引导他，并给他以丰富的知识。”

普齐安深知费米聪明，他说：“这个小伙子将来肯定会成为一个了不起的人才！”由于普齐安的爱护，这才保住了费米的学籍。在此后的学习中，普齐安处处注意帮助和保护费米。

不久，普齐安了解到，费米所掌握的知识已经远远超过了自己，于是就请费米到家里来教自己理论物理学。费米见老师诚心相待，就毫不犹豫地答应了，并给老师开了一门关于爱因斯坦相对论的课程。

普齐安对费米的爱护和器重，成为费米深入学习的巨大推动力。1922 年，费米以优异的成绩获得比萨大学物理学博士学位。1938 年，37 岁的费米荣获诺贝尔物理学奖。他在芝加哥大学参加并主持了第一个原子反应堆的设计和试验。接着他又参加了“曼哈顿计划”的实施，促成了世界上第一颗原子弹的诞生。

后来，费米在回忆他与普齐安的师生情谊时说：“我的成就应归功于老师，归功于那枚臭气弹。”

男孩该懂得的道理

教师犹如辛勤的园丁。学生的成长离不开老师的栽培和教诲，每一个学子都应该知恩、感恩。“感恩”之心是一种美好的感情，没有一颗感恩的心，我们就永远不能真正懂得孝敬父母、理解帮助其他的人。

在人世间，感恩是非常重要的情感。懂事的男孩都必然怀有感恩之心，其待人处事自然怀有一种友善的态度，心胸也因此而开阔，品行也因此而端正，满脸常现灿烂的笑容，语言也让人更容易接受与感应。

小山村的专用校车

蜜蜂从花中啜蜜，离开时营营地道谢。浮夸的蝴蝶却相信花是应该向他道谢的。

——印度诗人　泰戈尔

婷婷的家在一个偏僻的小山村里，每天上学要走两公里的路，所以天不亮就要起床，日落西山才能到家。每到冬天，寒风刺骨地吹着，等到了家，她往往已经被冻得浑身僵硬了。而这一切都在去年的夏天有了改变。

张昊是客运公司的司机。去年五月，他开着长途客车赶往城里。车刚好在婷婷所在的村子坏了，婷婷的爸爸帮他修了车，还留他住了一晚。第二天一大早，婷婷搭着张昊叔叔的顺风车上学，还带上了好几个同学。在路上聊天时，张昊知道了他们的情况。

意想不到的事情发生了，第二天一大早，张昊又准时出现在他们村口，并让婷婷叫上其他孩子，一起坐他的车上学。从那天起，这辆客车就成了他们的专用校车。他每天免费接送村里的孩子上学和放学，自己也因此而每年少赚七八千元。

有一次，婷婷在车上跟他聊天，他对婷婷说：“你们这些农村孩子上学、下学真不容易呀，起床这么早，又要赶这么远的路，我能做的就只有这些了。”起初，张昊的家人不理解他。“这不是傻吗？车上本来就只有二十七个座，每天还要拉着这么多学生，有个磕碰的，怎么办？钱还挣不挣了？”张昊对此的回答很朴实：“就是看着孩子们可怜。”

知识窗

雷锋是中国家喻户晓的全心全意为人民服务的楷模，他只是一名普通的中国人民解放军战士，却在短暂的一生中助人无数。毛主席曾在1963年3月5日亲笔为他题词“向雷锋同志学习”，并把每年的3月5日这一天定为学雷锋纪念日。

张昊一家五口人，包括儿子、儿媳、孙子在内都住在五十平方米的单位宿舍内。而他自己，双手粗糙，衣着简朴，一双旧皮鞋上满是泥巴。因为他每天晚上必须在村里住一宿，村委会特意把一间办公室腾出来，留给他当宿舍。晚饭时，村民谁家做点好吃的，都抢着拉张昊去吃。不时地，村民还送给他家鸡、鸡蛋什么的，并且称他为“活雷锋”。

去年春节，村里组织开了个联欢会，张昊在会上讲了一番感人肺腑的话：“我小的时候，正好赶上学雷锋的热潮，对我的教育不小。后来，我当过兵，也当过船员，干过工厂的内勤，接触了不少穷苦的人，特别是有好多人曾经帮助过我。在我小时候，我的邻居们就经常照顾我，有时我家大人没有在家，邻居们就带我上他家吃一口饭，有时看我拿东西多了，就帮我分担一点。尤其是车辆承包后，起初我开的是大车，但是大车成本太大了，公司又借给我钱让我换了辆小车。”

“最让我难忘的是，那年我刚开到村头，就听到鞭炮声响个不停，村主任拿着一朵大红花，把它挂到了我的车前。并说，你以后就是我们村里的人了，有啥事吱声。第二天走的时候，村里所有的摩托车都开出来了，在前面给我开道。我这辈子从来没有见过这种场景，我一边开车一边流泪，心想，这里的乡亲太好了，我一定要报答他们！”

男孩该懂得的道理

古人云“滴水之恩，当涌泉相报”，张昊的举动充分体现了他对小山村村民的感恩之情，多么令人感动啊！只要人间充满爱，只要我们每个人都存有感恩之心，这个社会就会更加和谐、美好！

男孩应该懂得感恩，也许你遇到的一件事情或者一个人，都会给你的心灵以触动，都会让你的心灵起波澜。珍藏这些感动吧，让自己成为传递这些爱的媒介，将这些爱传递给下一个需要帮助的人。

为母亲洗一次脚

一个人如果使自己的母亲伤心，无论他的地位多么显赫，无论他多么有名，他都是一个卑劣的人。

——意大利小说家　亚米契斯

一个刚从大学毕业的青年，来到一家跨国公司应聘。在经历几个回合的激烈竞争之后，他终于到了最后一关——接受公司老板的面试。

青年忐忑不安地走进了老板的办公室，在老板对面的椅子上坐下。老板看过他的履历后，凝视着他的脸，出乎他意

知识窗

跨国公司，又称国际公司或多国公司。就是由一国或数国的资本组成的大公司。它在许多国家或地区进行巨额的直接投资，开设子公司，或兼并、收购当地企业，开展经营活动。

料地问道："你替母亲洗过脚吗？"

"没有。"青年愣了愣神后老实地回答。

"那么，你替父母捶过背吗？"

青年想了想后说："有过，那是在我读小学的时候。那次我母亲还给了我 10 元钱。"

老板叹了一口气，对他说："明天这个时候，请你再来一次。不过，有一个条件，刚才你说从来没有替母亲洗过脚，明天来这里之前，希望你能做一次。"年轻人答应了。

这个年轻人回到家，母亲外出购物还没有回来。他思忖着："等母亲回来，要怎么替她洗呢？她出门在外走了一段路，脚一定很脏吧？待会儿她回来，便为她洗脚吧！"

母亲回来后，见儿子预备好水盆要为她洗脚，觉得很奇怪，便说："脚，我还洗得动，我自己来吧！"年轻人便将自己为何想为母亲洗脚的原委说了一遍。母亲理解后便依了儿子，坐在儿子已准备好的椅子上，把脚放进儿子端来的水盆里。

当年轻人握着母亲的脚时，才猛然发现母亲的那双脚在岁月的侵蚀下，已似木棒那样的僵硬。他摸着母亲的脚，不禁潸然泪下。

第二天，这个青年如约来到那家公司，很伤感地对老板说："我能不能被录取，对我来说已经微不足道。现在我明白这些年来母亲所付出的辛苦，您让我明白了在学校里没有学到的道理。如果不是您，我恐怕不会握到母亲的脚，也就难以体察到母亲多年来所付出的辛劳，我要好好照顾她。"老板听后点了点头，说道："你明天到公司来上班吧！"

后来，这个青年十分孝敬母亲，他的事迹也成了公司上下的美谈。

男孩该懂得的道理

怀着一颗感恩的心去孝敬父母，这不仅是我们应尽的义务，也是衡量人们品德的重要标准。男孩懂事的第一堂课，应该是学会感恩，体谅父母一辈子的辛勤付出，从小就应该孝敬他们。

培根说："子女使父母的劳苦变甜，但也使他们的不幸更苦。子女增加了父母的生活负担，却减轻了他们对死的恐惧。"父母是我们的至亲，我们应该终生记住父母为我们成长所付出的心血。从小学会孝敬，多与父母谈心和交流，长大了走向社会之后，要经常回家探望双亲，关心他们的生活，报答父母的养育之恩。

但丁和他的老师

没有感恩就没有真正的美德。

——法国启蒙思想家　卢梭

但丁很小的时候，母亲不幸离开了人世，父亲忙于商业上的事情，很少有时间关心他的生活，就给他请了一位著名的学者拉丁尼当老师。

拉丁尼老师发现但丁不喜欢和别人在一起，只喜欢一个人孤零零地待着。开始上课时，他还以为这个孩子不善于表达，当他提出问题时，但丁总是睁大眼睛看着老师，却一句话也不说。逐渐地，老师了解到他家里的情况，才明白但丁是由于母亲去世伤感才变成这样的。于是拉丁尼开始对他采取一种特殊的教学方式，他想让孩子感受到爱，让孩子说出自己的心里话。

有一天，拉丁尼轻轻地摸着但丁的头，温和地说："今天不上课了，我们到草地里去捉蝴蝶好吗？"

但丁是多么希望到草地去捉蝴蝶啊！记得妈妈在世时就曾经为他捉到过一只大蝴蝶，当时自己高兴得跳了起来。想到这里，他看着拉丁尼微微露出了笑容，并点了点头。

这是拉丁尼第一次看到但丁的笑容，他好像看到了希望。到了草地上，看着五颜六色的蝴蝶，但丁很高兴！他一会儿追这只，一会儿又去追那只，自由自在地在草地上与蝴蝶追逐着，好像一下子忘记了内心的忧愁，小脸颊上也露出了往日没有的红润。

知识窗

13世纪末，意大利的佛罗伦萨诞生了一位伟大的诗人，这就是被恩格斯誉为"中世纪的最后一位诗人，同时也是新时代最初的一位诗人"的阿利盖利·但丁。他是欧洲文艺复兴时代的开拓人物之一，以长诗《神曲》留名后世。

但丁每捉到一只蝴蝶，总是要高兴地跑到老师身边，让老师看一看他的"收获"，然后又高兴地跑去再捉。老师在一旁欣慰地看着但丁，他深深地感到"爱"对于一个孩子来说是多么重要！

但丁跑累了，在老师身边静静地坐了下来。老师仍然微笑地看着他，问道："孩子，今天高兴吗？"

"高兴！高兴极了！"但丁毫不迟疑地回答。

"那么你平时怎么不爱说话呢？"

"妈妈不在了，没有人再爱我，爸爸根本就没有时间管我。"他说着又伤心地低下了头。

"可是你不说话，不是更难受吗？以后有什么不开心的事可以跟老师说一说，好吗？"

但丁点了点头。从那以后，他再也不像原先那样低头不语了，心里有什么话就说给老师听，性格也开朗了起来。他知道在这个世界上，除了父母的爱，还有更多人的爱。他不会被再一次失去亲人的悲伤击倒了，他选择了坚强地面对不幸，并用自己的爱点燃别人心中爱的火种。

男孩该懂得的道理

对一个孩子来说，父母的爱犹如孩子明媚的天空，是我们人生最大的财富。除此之外，我们要明白，除了父爱或母爱，世上还有其他的爱，它同样会给人温暖，这种爱同样需要我们去感恩。

做一个懂事的男孩，我们应懂得对所有人都充满感恩，这样才能获得新生。感恩太阳，因为它温暖我们的身体；感恩雨水，因为它洗净我们的灵魂；感恩光明，因为它为我们指引道路；也感恩黑夜，因为它让我们看到星辰。

第一百个客人

忘恩比之说谎、虚荣、饶舌、酗酒或其他存在于脆弱的人心中的恶德还要厉害。

——英国谚语

在繁华的街角，有一家小吃店生意十分火暴。中午高峰时间过去了，客人都已散去，老板正要喘口气翻阅报纸的时候，有人走了进来。那是一位老奶奶和一个小男孩。

“牛肉面一碗要多少钱呢?”奶奶坐下来拿出钱袋数了数钱，叫了一碗热气腾腾的牛肉面。面端上来后，奶奶将碗推向孙子面前，小男孩吞了吞口水望着奶奶说：“奶奶，您真的吃过午饭了吗?”“当然了。”奶奶含着一块萝卜泡菜慢慢咀嚼。一晃眼工夫，小男孩就把一碗面吃个精光。

知识窗

牛肉面，又名牛肉拉面，西北城乡独具地方风味的面食小吃。牛肉面始于光绪年间，由回族老人马保子首创，在百年的漫长岁月里，以一碗面而享誉兰州，以肉烂汤鲜、面质精细而蜚声中外。

老板看到这幅景象，走到两个人面前说：“老太太，恭喜您，您今天运气真好，是我们的第一百个客人，所以免费。”

之后过了一个多月的某一天，小男孩蹲在小吃店对面像在数着什么东西，使得无意间望向窗外的老板吓了一大跳。

原来小男孩每看到一个客人走进店里，就把小石子放进他画的圈圈里，但是午餐时间都快过去了，小石子却连五十个都不到。

小吃店的老板明白了小男孩的用心，非常感动，就想帮帮他。于是他打电话给所有的老顾客：“很忙吗？没什么事，我要你来吃碗拉面，今天我请客。”像这样打电话给很多人之后，客人开始一个接一个到来。“八十一，八十二，八十三……”小男孩数得越来越快了。终于当第九十九个小石子被放进圈圈后，那一刻，小男孩匆忙拉着奶奶的手进了小吃店。

“奶奶，这一次换我请客了。”小男孩有些得意地说。真正成为第一百个客人的奶奶，让孙子招待了一碗热腾腾的牛肉拉面。而小男孩就像之前奶奶一样，含了块萝卜泡菜在口中咀嚼着。

“也送一碗给那男孩吧。”老板娘不忍心地说。

“那小男孩现在正在学习不吃东西也会饱的道理哩！”老板回答。

吃得津津有味的奶奶问小孙子：“要不要留一些给你？”

没想到小男孩却拍拍他的小肚子，对奶奶说：“不用了，我很饱，奶奶您看……”

这个故事里的小男孩很有孝心，用同样的方式回报了奶奶对自己的疼爱，真是个懂事的孩子。“感恩”是一种对恩惠心存感激的表示，是每一种不忘他人恩情的人萦绕心间的情感。学会感恩，是为了擦亮蒙尘的心灵而不致麻木；学会感恩，是为了将无以为报的点滴付出永铭于心。

“感恩”是一种回报。母亲用乳汁将我们哺育，而更伟大的是母亲从不希望她得到什么。就像太阳每天都会把她的温暖给予我们，从不要求回报，但是我们必须明白“感恩”。

蓝宝石项链的价格

感恩之心，就是对世间所有人所有事物给予自己的帮助表示感激，铭记在心。

——佚名

有一天，一个小男孩走到一个礼品店前面，将整张脸都贴在了橱窗上，出神地盯着一个物件看。接着，这个小男孩走进了店里，告诉店主，他想看看店里的那条蓝宝石项链。他说：“我想买给我姐姐。您能包装得漂亮一点吗？”

店主狐疑地打量着这个小男孩，问道：“你身上有多少钱？”

小男孩从口袋里掏出一个手帕包，小心翼翼地解开所有的结，然后摊在柜台上，兴奋地说：“这些够吗？”小男孩洋洋得意，可展示出来的只不过是几枚硬币而已。

小男孩说：“您知道吗，我想把它当做礼物送给姐姐。自从妈妈去世以后，她就一心照顾我们，根本没有自己的时间。今天是她的生日，我相信她一定会喜欢这条项链的，因为项链的颜色就像她的眼睛一样漂亮。”

知识窗

项链是装饰品之一，是最早出现的首饰。就材料而言，首饰市场上的项链有黄金、白银、珠宝等几种。项链除了具有装饰功能之外，有些项链还具有特殊作用，如天主教徒的十字架链和佛教徒的念珠。

店主拿出了那条项链，装在一个小盒子里，用一张漂亮的红色包装纸包好，还在上面系了一条绿色的丝带。

店主对小男孩说：“拿去吧，小心点儿。”小男孩高兴的一蹦老高，小心地捧在手里，跑着回家了。

在这一天的工作快要结束的时候，店里来了一位美丽的姑娘，她有着一头金发和一双蓝色的眼睛。她把已经打开的礼品盒放在柜台上，问道：“这条项链是在这里买的吗？”

“是的，女士。”

“多少钱？”

“本店商品的价格是卖主和顾客之间的秘密。”

姑娘说："但我弟弟只有几枚硬币，而这条宝石项链却是货真价实的。他付不起的。"

店主接过盒子，精心地将包装重新包好，系上丝带，又递给了姑娘，"他给出了比任何人都高的价格。他付出了他所拥有的一切。"

小店里一片寂静。姑娘手里紧紧攥着那个小盒子，两行热泪滑下了她美丽的脸庞。

男孩该懂得的道理

懂得感恩的男孩总是最讨人喜欢的，每个人都应该爱父母、爱亲人，他们为你的健康成长付出无私的爱。爱有时会超越金钱，超越世俗，让整个世界都温暖起来！

感恩不仅仅是为了报恩，因为有些恩泽是我们无法回报的，有些恩情更不是等量回报就能一笔还清的，唯有用纯真的心灵去感动、去铭刻、去永记，才能真正对得起给你恩惠的人。

程门立雪的故事

一日之师，终身为父。

——元代杂剧作家　关汉卿

杨时是我国古代著名的理学家，还是一个很有影响的政治家。他从小就聪明伶俐，四岁入村学，七岁就能写诗，八岁就能作赋，是有名的神童。十五岁那年，他便开始攻读经史，那些书对于他那个年龄的人来说还太深奥，但他却读得有滋有味。

熙宁九年，杨时登进士榜。他一生立志著书立说，曾在许多地方讲学，备受欢迎。居家时，长期在含云寺和龟山书院，潜心攻读，写作教学。

有一年，杨时在去往浏阳县的途中，为了去看望自己的恩师程颐，竟然不辞劳苦，绕到了洛阳去。杨时却一点怨言也没有，还说绕这么一点路就能使我的学问更上一层楼，何乐而不为呢？

后来，杨时与他的学友游酢（zuò）因对某问题有不同看法，为了求得一个正确答案，他俩一起去老师家请教。

当时正是寒冬腊月，天寒地冻，浓云密布。他们走到半路的时候，天空中下起了鹅毛大雪，冷飕飕的寒风肆无忌惮地灌进他们的领口。他们把衣服裹得紧紧的，匆匆赶路。

来到程颐家时，适逢先生坐在炉旁打坐养神。杨时二人不敢惊动打扰老师，就恭恭敬敬侍立在门外，等候先生醒来。

这时，雪越来越大，房屋也披上了洁白的素装。杨时的一只脚冻僵了，冷得发抖，但依然恭敬侍立。

过了良久，程颐一觉醒来，从窗口发现侍立在风雪中的杨时。只见他通身披雪，脚下的积雪已一尺多厚了，赶忙起身迎他俩进屋。

后来，杨时学得程门理学的真谛，东南学者推杨时为“程学正宗”，世称“龟山先生”。此后，“程门立雪”的故事就成为尊师重道的千古美谈。

知识窗

“程朱理学”亦称“程朱道学”，是宋明理学的主要派别之一，也是理学各派中对后世影响最大的学派之一。其由北宋二程（程颢、程颐）兄弟开始创立，其间经过弟子杨时，再传罗从彦，三传李侗，到南宋朱熹完成。

男孩该懂得的道理

老师是我们成长的领路人，一个懂事的男孩应当理解老师的辛苦，回报老师的恩情。男孩必须让感恩之心常驻心间，感恩生育你的人，因为他们使你体验生命；感恩抚养你的人，因为他们使你不断成长；感恩帮助你的人，因为他们使你渡过难关；感恩鼓励你的人，因为他们给你力量；感恩教育你的人，因为他们开化你的蒙昧……

在人生的道路上，随时都会产生令人动容的感恩之事。且不说家庭中的，就是日常生活中、工作中、学习中所遇之事、所遇之人给予的点点滴滴的关心与帮助，都值得我们用心去感恩，铭记那无私的人性之美和不图回报的惠助之恩。

兜圈子的葡萄

人家帮我，永志不忘；我帮人家，莫记心上。

——我国著名数学家　华罗庚

一天，修道院的大门被叫开了，门卫芭芭拉女士惊喜地看到，旁边果园的一位果农给她送来一大串晶莹剔透的葡萄。果农对她说："芭芭拉女士，我送给你这串葡萄以感谢你在我每次来修道院送水果时对我的关照。"芭芭拉对如此情意浓厚的礼物表示感谢，并对果农说修道院的人会很高兴地享用这串葡萄。

果农满意地离开修道院之后，芭芭拉把葡萄洗净，得意地望着它。忽然，她想起修道院里的一位女病人最近什么也不想吃，便决定把这串葡萄送给她，让她开开胃。"她多么需要营养啊！"

于是，芭芭拉女士把葡萄送到虚弱的病人床前。病人睁开双眼惊喜地看着这串葡萄。芭芭拉对病人说："马蒂亚斯，有人送给我这串葡萄，但是我知道你什么都不想吃。也许它能带给你食欲。"马蒂亚斯从心里感激她，哽咽着对芭芭拉说："我将永远记住你，就是有一天死了，也会在天堂里感谢你！"

芭芭拉拿来一个大盘子，把葡萄放在上面，让病人慢慢享用。然后，她又回去继续值班了。

这位病人拿起葡萄，又想起应把它送给对自己倾注了大量心血、整日整夜地为她操劳的护士，以慰藉自己的灵魂。于是，这位病人呼喊护士，护士以为病人出了什么问题，就迅速赶到了她的床前。

> **知识窗**
>
> 修道院是天主教、东正教等教徒出家修道的机构。始于2~3世纪欧洲，分男与女修院，按天主教法典的规定，须由教皇和主教批准，至少有修士12人方可成立。修道院提供重要的社会服务，例如照顾老者、医疗照护和救急扶危等。

病人对护士说："埃斯特万，芭芭拉女士惦记着我的病，送给我这串葡萄，让我品尝。由于我什么都没有吃，现在我吃了它可能伤胃，我想还是让你吃。你对我一直照顾得很不错，我很感谢你！"护士坚持让病人吃，但是越坚持，病人越是拒绝。护士感谢病人送给她如此诱人的礼物，不得已便决定把这一串葡萄带走。

护士边走边想，这一串葡萄应该送给兢兢业业为大家服务的女厨师。于是，她来到厨房，找到了女厨师娜拉，并对她说："你的心像这串美丽的葡萄一样高尚，这串葡萄送给你吧。"娜拉谢绝了护士的好意，她认为最好把葡萄送给为大家操劳的修道院院长。

……

就这样，这串葡萄在整个修道院传来传去，重新又回到了芭芭拉手中。她惊奇得不知所措，决定不再让这串葡萄兜圈子了。于是她不再迟疑，招呼大家一起品尝。她们觉得从来没有吃过如此甜美的葡萄。

男孩该懂得的道理

常常怀着一颗感恩的心，你的世界就会是光明的。感恩让男孩变得更懂事，更优秀！你处处关爱别人，别人也同样会怀着感恩之心把关爱回馈给你。一切美好的东西都源于爱，爱是光明的使者，是目标的引路人。

懂得感恩，我们才能摘到友情的丰硕果实，才能尝到亲情的佳酿，才能在旁人的簇拥下登上理想的巅峰！

小面包里的银币

忘恩的人落在困难之中，是不能得救的。

——希腊谚语

有一个地方闹了很严重的饥荒，人们每天都在半饥半饱的状态下艰难度日。

这天，一位家庭殷实而且心地善良的面包师把城里最穷的几十个孩子聚集到一块，然后拿出一个盛有面包的篮子，对他们说："这个篮子里的面包你们一人一个。在上帝带来好光景以前，你们每天都可以来拿一个面包。"

话音刚落，这些饥饿的孩子一窝蜂地涌了上来，他们围着篮子推来挤去大声叫嚷着，谁都想拿到最大的面包。当他们每人都拿到了面包后，竟然没有向这位好心的面包师说声谢谢，就一哄而散了。

但是有一个叫依娃的小女孩却是例外。她既没有同大家一起吵闹，也没有与其他人争抢。她只是谦让地站在一步以外，等别的孩子都拿到以后，才把剩在篮子里最小的一个面包拿起来。拿到面包后她也没有急于离去，她向面包师表示了感谢，并亲吻了面包师的手之后才向家里走去。

知识窗

面包是以黑麦、小麦等粮食作物为基本原料，加水、盐、酵母等和面并制成面团坯料，然后再以烘、烤、蒸或煎等方式加热制成的食品。以面包为日常主要食物来源的国家集中在欧洲、北美洲、南美洲、大洋洲、中东地区以及曾经经历欧洲殖民主义统治的亚洲、非洲的一些国家。

第二天，面包师又把盛面包的篮子放到了孩子们的面前，其他孩子依旧如昨日一样疯抢着，而羞怯、可怜的依娃最后只得到一个比头一天还小一半的面包。

当她回家以后，妈妈切开面包，许多崭新、发亮的银币掉了出来。妈妈惊奇地叫道："立即把钱送回去，一定是揉面的时候不小心揉进去的。赶快去，依娃，赶快去！"

当依娃把妈妈的话告诉面包师的时候，面包师面露慈爱地说："不，我的孩子，这没有错。是我把银币放进小面包里的，我要奖励你。愿你永远保持现在这样一颗平安、感恩的心。回家去吧，告诉你妈妈这些钱是你的了。"

她激动地拥抱了面包师，转身向家里跑去，她要告诉妈妈这个令人兴奋的消息，让妈妈知道这是她的感恩之心得到的回报。

男孩该懂得的道理

感恩是一种处世哲学，也是生活中的大智慧。学会感恩，为自己已有的而感恩，更为他人的给予而感恩，这样的男孩才会有一个健康的心态、积极的人生观。

怀抱一颗感恩的心，犹如在生命的旅途中点燃了一盏明灯；怀抱一颗感恩的心，犹如掌握了人生宫殿之门的钥匙；怀抱一颗感恩的心，犹如在人生的海洋中拥有了一艘坚固的船；怀抱一颗感恩的心，犹如鸟儿拥有了调节平衡的尾巴……

第三章

好性格是后天塑造的

良好性格对于男孩的成长进步有着非常重要的作用，懂事的男孩有着健全良好的性格，他的人生也是快乐的、幸福的。如果男孩的性格不健全，那么他的人生也会是痛苦的、忧伤的。如果男孩想要变得懂事，

创造人生的辉煌，就必须改变不良的性格，培养积极向上的性格。一个人性格的形成，不是一朝一夕，它具有较强的稳定性。但也并非不能改变，而是完全可以通过认识性格的长处和缺陷，加以发扬和克服的。正如牛顿所言："尽管人们把性格看成是先天的，但它仍旧是自我修养的结果。我们不可能生来就固定了某种性格。可亲、可敬、富有魅力的性格是靠自己慢慢培养起来的。"须知，塑造性格的主动权永远在我们自己手中。

新长出来的“手”

你想有所作为吗？那么坚定地走下去吧！后退只会使你意志衰退。

——英国诗人　罗·赫里克

在扎克6岁的时候，有一次在大街上玩耍，被飞驰而来的卡车撞到了。后来经过医生的拼力抢救，命算是保住了，但是胳膊被无情地截掉了。

很快，扎克到了上学的年龄。但是因为他肢体不健全，不能和别的小朋友一样正常生活和学习，因此被学校拒之门外。

扎克常常爬在窗户边上，看着小朋友高高兴兴地去学校，感到非常的伤感。他伤心地对妈妈说：“我的胳膊和手都没有了，我该怎么办啊？”听到扎克稚嫩的声音，妈妈心里非常难

知识窗

残疾人是指在心理或生理上，某种肢体、器官或其功能丧失或者有缺陷的人。有的人在命运的安排中抵抗，创造了不同寻常的辉煌，作出了伟大的贡献。其中，斯蒂芬·威廉·霍金是当代在世伟大的残疾人代表，也是伟大的科学家。

过，但是她还是强忍着内心的巨大伤痛，说道："扎克，不要着急，只要你坚持每天锻炼，你的胳膊和手还会再长出来的。"听到母亲的话，扎克露出了开心的微笑。

在妈妈的帮助下，小扎克每天锻炼着用脚来洗脸、吃饭、学习等，在小扎克心里充满了希望，他牢牢地记着妈妈的话，只要努力地锻炼，他的胳膊和手都会很快地长出来的。

好几年的时间过去了，扎克发现自己的胳膊和手还是没有长出来，看着自己空荡荡的袖筒，他问道："妈妈，我的胳膊和手怎么还没有长出来啊，是不是我锻炼的不够专心啊？"

这时候，妈妈说道："孩子，你好好地想一想，别人用手能做的事情，你现在不是也完全能够做得了吗？"

"这倒是真的，我现在完全可以用脚来代替手了，而且很多事情我做得比别人都好。"扎克自豪地说。

"你用脚代替了手，不是新长出了手吗？扎克，每个人都有一双坚强的翅膀和一双强有力的手，这些东西都是装在心里的，只要你愿意，它会帮助你战胜所有的艰难和困苦。"

扎克明白了，妈妈并没有欺骗他。从那之后，他更加的刻苦学习和生活，坚韧的毅力帮他渡过了一次次的难关，最终他如愿以偿地考上了大学，并拥有了美满幸福的生活。

男孩该懂得的道理

现实生活中许多不期而遇的磨难，给予强者坚实的臂膀，而给予弱者的则是无限的畏惧与退缩。磨难可以磨炼人的能力，可以磨炼人的毅力，可以使人坚强，可以使人成长。

刚毅型性格的男孩往往拥有顽强的意志力，能够担当起大事。不经历风雨，怎么见彩虹！苦难拉长了人生命的长度，也强化了人对幸福生活的期待；苦难积蓄了人的精神能量，增加了人跋涉前行的勇气，也激发了人生生不息的毅力！

快乐的西绪弗斯

开朗的性格不仅可以使自己经常保持心情愉快，而且可以感染你周围的人们，使他们也觉得人生充满了和谐与光明。

——罗兰

西绪弗斯是古希腊神话中的一个人物，据说他因为触犯了宙斯的权威，因而被罚到山下做苦役。每天，西绪弗斯都要把一块巨大的山石从山下推向山顶。但每当巨石就要到达山顶时，又会忽然滚下山来。西绪弗斯就这样一天天周而复始地推着那块巨石。令人悲哀的是，他不能停下来，只要宙斯不解除他的惩罚，他就必须重复着这永无止境而又徒劳的苦役。

宙斯和其他诸神终于惩罚了那个不知天高地厚的家伙，想象他不得不在烈日下反复推着那块巨石，不能解脱，一定会十分悲观沮丧。

于是有一天，宙斯就派他的女儿雅典娜去探望西绪弗斯，看看他是否如他们想象的那样痛苦绝望。

雅典娜来到那座山下，看到的景象让她大吃一惊：西绪弗斯虽然衣衫褴褛，赤着双脚，暴热的阳光甚至晒伤了他的肩膀，但是他并没有垂头丧气。而是吹着口哨，迈着轻盈的步伐，脸上挂着一副无忧无虑的神情。

雅典娜不禁对这幅景象感到十分奇怪，就大声问他：“嘿！西绪弗斯，你不感到痛苦难过吗？”

知识窗

雅典娜是古希腊神话中宙斯的女儿，因地母盖亚预言说她会推翻宙斯，宙斯遂将她吞入腹中，因此得了严重的头痛症，用任何方法都无法治愈，最后火神赫菲斯托斯打开了他的头颅。结果，一位披坚执锐的美丽女神从中跳了出来。据说她有宙斯一般的力量，这个女神就是雅典娜。

这时西绪弗斯也看到了雅典娜，他忽然咧开嘴笑了笑：“当然！但是，生活里总有些事情是值得高兴的。”说着他举起一只手对雅典娜喊道：“比如你看，我逮到了一只多漂亮的蝴蝶！”

男孩该懂得的道理

生活里总有些事情是值得高兴的，只要你努力去寻找，就会发现，我们身边总有些快乐是痛苦鞭长莫及的。就像雨后的彩虹，还有西绪弗斯手里的那只蝴蝶。快乐是一种感受，更是一种态度，它纯粹是由内而发的一种感觉，它的产生可以不受外界事物、外部环境的左右。所以，拥有开朗的性格，你就会发现，拥有快乐其实很简单。

具有乐观、豁达性格的男孩，无论在什么时候，他们都感到光明、美丽和快乐的生活就在身边。他们眼睛里流露出来的光彩使整个世界都溢彩流光。在这种光彩之下，寒冷会变成温暖，痛苦会变成舒适。

谢安化险为夷

镇定、果敢的人把危险看做决斗中的敌手。

——佚名

我国历史上的谢安就是一个性格冷静的人。

东晋时期的中国文人崇尚大自然，喜欢雅致的生活，以吟诗、作赋、听琴、绘画为生。谢安就是这一时期的名士。但他入仕以后，出入虎狼之地而不惧，面临大敌而不慌，运筹帷幄，以少胜多，其谋略、城府、才华，使他成为当之无愧的名士与名相。

有这样一个小故事，说明了谢安处事冷静的性格。一次谢安同好友孙绰到海上去欣赏风景，船到深水处时，突然风浪大起，他们所乘小船颠簸得十分厉害。同船人都面带惧色、惊恐不安，唯独谢安怡然自得地坐在船上，还能做诗来抒发感受。

谢安富有才气、喜好结交，当时的士人都喜欢和他在一起共话诗赋。晋穆帝永和九年，大书法家王羲之发起了历史上著名的兰亭集会，谢安是参加此集会的名士之一，这使他的名声格外响亮。谢安良好的心理素质和个性特点，为他以后在仕途上大有作为奠定了基础。

知识窗

"兰亭集会"指的是东晋永和九年（353 年）三月初三，王羲之于会稽郡山阴之兰亭举办修禊集会。有谢安、谢万、孙绰、王凝之、王徽之、王献之等 40 多位名士参加。会上共得诗 37 首。王羲之"微醉之中，振笔直遂"，写下了著名的《兰亭集序》。

后来，由于朝廷多次下召要他做官，而且地方官员也极力恳请他步入仕途。于是，年逾四十的谢安离开了东山，做了东晋征西大将军桓温的司马。他跟随桓温走南闯北，为朝廷效力，逐渐成为朝廷重臣。

后简文帝司马显死去，桓温凭借自己是大司马，掌握全国兵权，欲取代晋之皇位，自立为帝。他为了除去忠心辅佐东晋朝廷的谢安和王坦之，遂以祭奠简文帝为由，预先在幕后设下伏兵，陈重兵于建康城外的新亭，企图杀死谢安和王坦之两位大臣，趁机夺取帝位。

谢、王二人一同来祭奠简文帝，只见祭奠场地戒备森严、杀气腾腾。王坦之看祭奠场地如此气氛，立即吓出一身冷汗，竟湿透衣衫，更为可笑的是王坦之竟把记事用的手版都拿倒了。

然而，与王坦之形成鲜明对比的是，谢安仍神色平静，同往常一样，先同桓温寒暄几句，然后坦然落座。只见谢安呷了几口茶，慢条斯理地开口道：“我听说有道的诸侯设守在四方，你何必要在幕后埋伏士兵呢？”桓温见他的锦囊妙计被谢安识破，尴尬地掩饰说：“为了自卫，我不得不这样啊！”最终，桓温还是未敢对谢安和王坦之下手，是谢安用自己的冷静化解了危机。

男孩该懂得的道理

《菜根谭》也有这样一句话：“欲闹中取静，须先从中立个主宰。”意思就是要想在喧嚣中保持冷静头脑，就必须在心静时先有主张，不然一旦遇到紧急复杂的情况，就会手忙脚乱，把事情弄得一团糟。

冷静沉着性格的男孩知道什么时候做什么、该怎样做。因为能对所发生的一切做出客观的、理智的分析和评价，所以他们办事总是有条不紊，遇事不惊。

“海鹰号” 的胜利

人生要不是大胆地冒险，便是一无所获。

——美国盲聋女作家　海伦·凯勒

“陛下，给我一条帆船出海一战吧，让我把英国佬打得灵魂出窍。”1916 年，德国的少校卢克纳尔对威廉二世如是说。

此话一出，所有人都惊诧不已。

假如这是在中世纪，这样敢于挑战大不列颠的军官固然有些鲁莽，但至少会获得勇敢刚毅的美名。但时光已经到了 20 世纪，这个时候，帆船早已成为一种古董，已经不可能作为战船来使用了。

知识窗

帆船是利用风力前进的船，起源于欧洲。帆船是人类与大自然做斗争的一个见证，帆船历史同人类文明史一样悠久。帆船运动起源于荷兰。古代的荷兰，地势很低，所以开凿了很多运河，人们普遍使用小帆船运输或捕鱼。

卢克纳尔从小就是个富于反叛精神的人。他胆大心细，善于独出心裁，想别人不敢想、做别人不敢做的事情。

幸运的是威廉二世却认真地听取了这位少校的“疯话”。

卢克纳尔向威廉二世解释道："我们海军的头儿们认为我是在发疯。既然我们自己人都认为这样的计划是天方夜谭，那么，英国人一定想不到我们会这样干的，那么，我认为我可以成功地用古老的帆船给他们一个教训。"

这段话充分体现了卢克纳尔独特的思维，如果他是一个受过正统军事教育的军官，相信他是很难想出这样的主意的。"鲁莽"的个性凸显，这样的奇思妙想让他与众不同。正因为这样冒险的想法才成就了他的一次辉煌，成就了他人生中的一次飞跃。

威廉二世被说动了，他同意了卢克纳尔的计划，用一条帆船去袭击英国人的海上航线。

卢克纳尔经过千辛万苦终于找到一条被废弃的老船，取名"海鹰号"。在他亲自设计监督下，这艘船开始了古怪的改造工程。

当年12月24日圣诞夜，海鹰号出击了，顺利突破英国海上封锁线抵达冰岛水域，大西洋航线已经在望。

正在高兴的时候，海鹰号和英国的复仇号狭路相逢。

海鹰号的火力只有两门107毫米炮，而复仇号却是一艘大型军舰，硬拼显然不是对手。卢克纳尔灵机一动，主动迎上去让他们检查，英国的检查员见是一条帆船，看也不看，就放过了这艘暗藏杀机的帆船。

1917年1月9日，到达英国海域后，在卢克纳尔的指挥下，海鹰号突然发起进攻战，全歼英国船只，获得了巨大的胜利。

卢克纳尔的这种“不切实际”的想法为他赢得了成功。因为这种做法让敌人处于轻敌的状态，使海鹰号轻而易举地攻入敌方的心脏，从而获得战争的胜利，给国家带来了荣誉。对卢克纳尔而言，“不切实际”的想法实际就是一种可以打对方一个措手不及的想法，是一种建立在充分了解对方的基础之上的一种“不切实际”，不是通常所说的“瞎想”、“胡想”。

具备冒险性格特征的男孩，精神上充满活力，对环境的适应能力很强，易感受到新事物的出现，并且通过各种社交渠道，把信息传递给别人。他们对流行是比较敏感的，他们大多很在乎自己外在的形象，并且知道怎样才能使自己的外在形象达到最佳效果。

残疾老人的微笑

真正的快乐是对生活的乐观，对工作的愉快，对事业的兴奋。

——现代物理学奠基人　爱因斯坦

一位美国老师对他的学生说：“我曾是个多虑的人。”接下来，他为学生讲了一件改变自己人生态度的事。

那时他在某县开了家杂货店，由于经营不善，之前的所有积蓄一去不返，还负债累累，得花好几年时间才能偿还清。那天是个星期六，他准备结束营业，到银行贷款，好到其他城市找一份工作。走在大街上，他像一只斗败的公鸡，信心和斗志消失殆尽。

就在这时，街的另一头过来一个老人。那老人没有双腿，坐在一块安装着溜冰鞋滑轮的小木板上，两手各用木棍撑着向前行进。他的视线一直没有离开那个残疾老人，只见残疾老人微微提起小木板，准备登上路边的人行道。就在那一瞬，他和残疾老人的视线相遇。出乎意料的是，残疾老人坦然地冲他一笑，很有精神地打招呼："早安，先生，今天天气真好啊！"

讲到这儿，老师对他的学生说道："这个景象扫除了我之前所有的忧虑。事情的发生虽然只有十几秒钟，但就在那一刹那，我对生命意义的了解，比在前十年中所学的还多。"

知识窗

银行是主要的金融机构，在我国历史上，白银一直是主要的货币材料之一。"银"往往代表的就是货币，而"行"则是对大商业机构的称谓。把办理与银钱有关的大型金融机构称为银行，最早见于太平天国洪仁玕所著的《资政新篇》。

在残疾老人向他打招呼的那一刻，他突然体会到自己是何等的富有。有双足，可以行走，可是自己却做不到像残疾老人那样微笑。他在内心问自己："为什么要如此自怜？这个人失去了双腿仍能快乐自信，我这个四肢健全的人还有什么不能的？"

之后，他打起精神，到银行贷了款，不久后便找到了工作。

“现在，我把下面一段话写在洗手间的镜面上，每天早上洗脸的时候都念它一遍：我闷闷不乐，因为我少了一双鞋，直到我在街上，见到有人缺了两条腿。”老师告诉同学们，“每个人都有快乐的权利，不论你是少了一双鞋，还是少了两条腿。”

男孩该懂得的道理

有一位心理学家说：“心理健全的尺度是到处都能看到光明的秉性。”“到处都能看到光明”，这也是得到快乐很重要的一招。譬如，遇到不如意的事，你能够这样想：“事情原本可能更糟呢。”于是你就能从灰暗、不利的困境中解脱出来，知足而且庆幸，给自己一点躲避了更大困难的侥幸之乐。

性格乐观的男孩，他们的眼里总是闪烁着愉快的光芒，他们总是显得欢快、达观、朝气蓬勃，因为他们的心中总是充满阳光。当然，他们也会有精神痛苦、心烦意乱的时候，但他们不同于别人的就是他们总是愉快地接受这种痛苦，没有抱怨，没有忧伤，更不会为此而浪费自己宝贵的精力，而是捡起生命道路上的花朵，奋勇前行。

一顿晚餐过后

人生像攀登一座山，而找寻出路，却是一种学习的过程，我们应当在这过程中，学习稳定、冷静，学习如何从慌乱中找到生机。

——中国著名诗人　席慕蓉

美国著名化学家李托，有一次若不是他在决定行动之前等待了一会儿，几乎铸下一个大错。

他说："当我独立经营了几年化学工厂之后，有一次，赔了一大笔钱，几乎使我多年来辛勤经营所得，完全付诸东流。当时我真是懊丧万分，寝食难安。我竟认为经营这桩事是永无希望了，准备仍旧去做一个职员，因为当时刚好有许多薪水还不错的职位，可以任我去选择。"

"于是我在当天下午就开始

知识窗

化学家一般是指从事近现代化学研究的科学家，有时也包括中国古代的炼丹术士和西方古代的炼金术士。化学家们研究并测试药物、炸药及其他的东西。化学是一门十分重要的科学，因为现在大多数的新药物都是化学研发的课题。

动手结束我几年来辛苦经营的公司，我把许多平日视为一刻不能分离的东西，都一一束诸高阁……”

“但是，凑巧就在这时，从前我曾经服务过的一家公司的经理来拜访我。我不等他问我，就把自己的烦恼告诉了他。他听了似乎有些不解，从怀里摸出表来，看了看说：‘现在已是晚餐的时刻了，让我们吃了晚饭再谈这事吧！’”

“他把我领到他所创办的俱乐部里，随便点了几样美味可口的菜肴，两人在席间东谈西扯，吃得十分高兴。当时，我的烦恼也因此逃得无影无踪了。”

“后来那位经理问起我刚才究竟有些什么烦恼。‘没有什么，’我说，‘那不过是我一时的感情冲动罢了。’”

“晚餐归来后，我极舒服地睡了一晚。第二天醒来，立刻觉得神清气爽，精神振作了不少。想起昨天自己一场无谓的胡闹，反而觉得十分好笑。从那天起我决定仍旧从事我的工作，永不因为任何阻力而放弃。”

“同时，这件事也给了我一个极宝贵的经验。那就是一个人当他的精神受了刺激或感到饥饿、疲乏等种种不适时，千万不要决定任何事情。因为那时你至少已经失去了一半的判断力，如果你草率决定，事后一定会觉得悔不当初。”

男孩该懂得的道理

每个人都应将“凡事三思而后行”这一原则贯穿于自己的生活和工作之中，作为自己行动的指导，养成沉着冷静处事的性格。这样才能够对事情作出正确判断，从而距离自己的人生目标越来越近。

男孩做任何事情前，都要先了解自己要做什么，认清事实真相，千万不可鲁莽、仓促。沉静性格的男孩往往具有锲而不舍的钻研精神，因此往往能成为某一个领域的专家或能手。他们做事会三思而后行。

摩根大冒险

要冒一次险！整个生命就是一场冒险。走得最远的人，常是愿意去做，并愿意去冒险的人。

——美国现代成人教育之父　卡耐基

> **知识窗**
>
> 咖啡与茶叶、可可并称为世界三大饮料。咖啡的原产地是埃塞俄比亚，其叶呈长卵形，花白色，结深红色浆果。咖啡种子炒熟碾成粉可制饮料，有兴奋作用。

摩根大学毕业之后就到邓肯集团工作了，由于自身较高的素质，他在公司的表现十分出色。但是更让总裁欣赏的是他过人的胆量和不畏艰险的冒险精神。

有一次，摩根在出差途中，一个陌生人敲开了他的舱门，很有礼貌地说道："听说，你是专门搞商品批发的，对吗？"

摩根感觉到对方有什么紧急的事情，于是问道：“你找我有什么事情吗?”

来人开门见山地说道：“先生，我有事需要你的帮助。我有一船咖啡要马上处理掉。这些咖啡原来是一个咖啡商人的，他的生意失败了，没有办法付我的运费，把这船咖啡抵押给我了。可是我不懂得做生意，所以前来找你，希望你能把这船咖啡买下。价格非常便宜，只是原来价格的一半。”

摩根盯着来人看了几分钟，问道：“你很着急吗?”

来人回答说：“是的，我非常着急，要不然怎么会以这么低的价钱出售呢?”说完，拿出咖啡的样品给摩根看。

摩根看也没看样品，直接说：“那好，这船咖啡我买下了。”

这时候，旁边的同伴急忙劝说道：“摩根先生，谁能保证这整船咖啡没有问题呢?”

“不必担心，相信我这次一定会交上好运的，我们应该抓紧机会，以免咖啡落入别人的手里。”摩根满怀信心地说。

当邓肯得知这个消息后，吓出了一身冷汗。他把摩根找来，愤怒地喊道：“你在拿邓肯公司开玩笑吗？快点去给我把交易推掉，所有的损失你必须赔偿。”

面对邓肯的粗暴无礼，摩根决定自己来做这笔买卖。他给父亲写了信，在父亲的资助下，摩根还清了邓肯公司的咖啡款，并在那个人的介绍下，又买进了大量的咖啡。没过多长时间，巴西的咖啡生产遭受了自然灾害，咖啡价格一下子上涨了几倍，摩根将咖啡全部卖出，狠狠地赚了一笔。

男孩该懂得的道理

对于男孩来说，犹豫不决、优柔寡断是一个最危险的仇敌。

冒险的性格并非与生俱来，多半是由训练而来的，是经由冒险、失败，再冒险、再失败，一步步锻炼出来的。不愿意冒风险的男孩，不敢笑，因为他们怕冒一些显得愚蠢的风险；他们不敢哭，因为怕冒一些显得多愁善感的风险；他们不敢暴露感情，因为怕冒露出真实面目的风险；他们不敢向他人伸出援助之手，因为怕冒被牵连的风险；他们不敢爱，因为怕冒不被爱的风险；他们不敢希望，因为怕冒失望的风险；他们不敢尝试，因为怕冒失败的风险……

小雨果的爬山经历

法国著名作家雨果小时候身体非常虚弱，以至于很多人认为他不可能被养活。在父母的精心照料下，小雨果逐渐长大了，体质一直很弱，什么事都做不了，他自己也非常苦闷。

看着多病的儿子，父亲十分担心，时常抽出时间开导小雨果。

有一天，父亲终于想出了一个办法，提出要带小雨果去爬山，指望通过这种方式增强他的体质。听说要爬山，原本没精打采的小雨果一下子兴奋起来。出发前，父亲告诉儿子："要做好吃苦的准备，不许中途放弃。"小雨果痛快地答应了。

第二天一大早，父子俩来到了郊外的山脚下，开始了爬山。

起初，小雨果充满了好奇，蹦着跳着，一边走一边玩。没一会儿，他就累得上气不接下气了。父亲心疼儿子，允许他休息一会儿。就这样，他们走走停停，走得很慢。

父亲知道这样下去是起不到锻炼作用的，于是，当小雨果再一次提出要休息时，父亲拒绝了。他告诉小雨果这座山并不高，他们已经休息了好几次，应该坚守出发前的承诺，一直向上爬。小雨果只得咬着牙站起来，继续一脚浅一脚地向上攀爬。

知识窗

维克多·雨果，是法国浪漫主义作家，人道主义的代表人物，被人们称为"法兰西的莎士比亚"。其不朽名著《巴黎圣母院》、《悲惨世界》、《九三年》等至今为世人所喜爱。

眼看就快要到达山顶了，小雨果却一不小心绊倒了，随即哭了起来，祈求父亲到此为止。父亲告诉他："我们再走几步就到山顶了，你只是摔了一下，并不要紧，决不能半途而废。"

在父亲的鼓励下，小雨果终于到达了山顶。当他们坐在山顶的石头上俯瞰远处的景色时，小雨果流露出一种说不出的喜悦和自豪。这时，父亲告诉他："性格软弱的人，常常爬到中途就放弃了，也就不会看到这么美丽的景色。你一定要让自己坚强起来，别怕吃苦，如果认准了，就不要半途而废。"小雨果点了点头。

从那以后，一有机会，小雨果就跟着父亲去爬山、游泳、骑马、打猎，身体一天天健壮起来。通过这些户外活动，他的性格也变得刚毅，这为他后来从事文学创作打下了坚实的基础。

雨果从小爱好文学，十二三岁就尝试文学创作，尽管此后历经磨难，他总是以惊人的毅力，坚持不懈，终于成为一代文学大师。

男孩该懂得的道理

刚毅的性格能拯救尘俗边缘的灵魂，摒弃世俗的舒适和安逸带来的贪恋、犹疑、怯懦，所有的困厄在其面前最终只能销声匿迹，刚毅的性格让思想更深刻、心灵更坚韧、品德更高尚。

一个男孩必须经过一番刻苦奋斗，才会有所成就。“不放弃是一种毅力，不服输是一种精神”，男孩要培养自己坚强、执著不服输的性格，学会勇敢地面对生活中的各种打击和挫折，锲而不舍、百折不挠地朝着自己的人生理想奋进。

第四章

成功从培养习惯开始

培根说:“习惯是一种顽强而巨大的力量,它可以主宰人生。”一个懂事的男孩并不见得比一般男孩聪明,是小习惯让他们变得更有教养、更有知识、更有能力。

习惯如同种子,今天的播种不一定马上就有结果,或许它要经过几年时间才能成熟。但是毫无疑问,没有播种永远不会有收获。而我们的举手之劳却为我们带来了超过想象的丰厚回报。生产力带来创造力,小习惯决定大成就。习惯往往起源于看似不经意的小事,却蕴涵了足以改变自我命运的巨大能量。

习惯的力量是巨大的,一个人的习惯常常会渗透在人的言谈举止和事业中。我们甚至可以毫不犹豫地断言,一个男孩如果从小没有养成良好的习惯,成年后根本不可能有什么优秀的表现,更不用说为人类做出卓越的贡献了。

寻找“点金石”

不良的习惯会随时阻碍你走向成名、获利和享乐的路上去。

——英国剧作家、诗人　威廉·莎士比亚

知识窗

亚历山大图书馆是世界上最古老的图书馆之一。馆内收藏了贯穿公元前400—公元前300年时期的手稿，拥有最丰富的古籍收藏，曾经同亚历山大灯塔一样驰名于世。可惜的是，这座举世闻名的古代文化中心，却于3世纪末被战火全部吞没。

《最伟大的力量》一书的作者J. 马丁·科尔曾引用过这样一个故事。

亚历山大图书馆被烧之后，只有一本书被保存了下来，但那并不是一本十分有价值的书。于是，一个仅认识几个字的人只用了少许的铜板就将它买下来了。这本书并不怎么有趣，但书中却有一个非常有趣的东西——其中有一条窄窄的羊皮纸，上面写着“点金石的秘密”。

点金石是一块小小的石头，它能将任何一种普通的金属变成金子。羊皮纸上是这样解释的：点金石就在黑暗的海滩上，它与成千上万的和它看起来并无差别的石头混在一起。但有一个秘密，那就是点金石用手摸起来有点温暖，而普通石头摸上去却是冰冷的。

看完这个秘密之后，这个人便变卖了自己的家产，买了一些简单的装备，来到海边安营扎寨，开始寻找点金石。他计划，只要一块一块地找，总会找到点金石的。

他知道，如果他捡起一块普通的石头，并且因为它摸上去冰凉而将其放在地上的话，他有可能几百次地捡起同一块石头。所以，当他摸到冰凉的石头时，就将它扔进大海里。他这样干了一整天，却没有捡到一块是点金石的石头。然后，他又这样干了一个星期、一个月、一年、两年……但他仍然没有找到点金石。

很多年以后的一天上午，他捡起一块石头，随手就把它扔进了海里。可是，就在石头脱手的一瞬间，他突然意识到这块石头是温暖的！可当他反应过来时，已经来不及了，“扑通”一声，那块点金石连同这个人的希望、幸福，一起落入了茫茫的大海。

这个可怜的人已经形成了一种习惯，那就是把他所捡到的石头都扔进大海里。他已经如此习惯于做扔石头的动作，以至于当他真正想要的那块石头到来时，他习惯性地就将其扔进了海里。

男孩该懂得的道理

拥有良好的习惯是男孩懂事的重要特征，好习惯是男孩开启成功之门的钥匙，坏习惯则是一扇向失败敞开的门。好的习惯，看上去微不足道，实际上却非常重要。要是没有这些好习惯，心中的目标只能是海市蜃楼，只可远观，而永远也无法靠近。

习惯决定男孩的命运——无论是心理学家，还是成功人士，不论是研究所得，还是经验之谈，殊途同归，都得出了这个相同的结论。决定男孩人生成败的关键因素就是是否具有良好的习惯。习惯是由男孩自身的行为决定的，它决定男孩的素质，极大地影响男孩的行动。

重视细节的总统

我们的成功表明，我们的竞争者的管理层对下层的介入未能坚持下去，他们缺乏对细节的深层关注。

——麦当劳前总裁　特纳

在约翰·肯尼迪总统眼里，似乎任何细枝末节都具有特别重要的意义。在其就职典礼的检阅仪式中，肯尼迪注意到海岸警卫队士官中没有一个黑人，便当场派人进行调查；他在就任总统后的第一个春天发现白宫返青的草坪上长出了蟋蟀草，便亲自告诉园丁把它除掉；他发现美国陆军特种部队取消了绿色贝雷帽，便下达命令予以恢复；尤其让人感到意外的是，肯尼迪在就任总统后不久举行的一次记者招待会上，竟然胸有成竹地回答了关于美国从古巴进口1200万美元糖的问题，而这件事只是在此四天前有关部门一份报告的末尾部分才第一次提到过。身为总统，肯尼迪巨细都抓的风格非但没有被美国人指责，反倒更加丰满了自己的形象。

同肯尼迪相比，美国的许多位总统似乎都不逊色。其中，富兰克林·罗斯福总统是凭借惊人的记忆力来记住诸多细枝末节的问题。第二次世界大战中，有一条船在苏格兰附近突然沉没，沉没的原因是鱼雷袭击还是触礁，一直没有结论。罗斯福则认为触礁的可能性更大。为了支持这种立论，他滔滔不绝地背诵出当地海岸涨潮的具体高度以及礁石在水下的确切深度和位置。这一招令许多人暗中折服。罗斯福更拿手的绝活是进行这样一种表演：他叫客人在一张只有符号标志而没有说明文字的美国地图上随意画一条线，他都能够按顺序说出这条线上有哪几个县。

林顿·约翰逊总统也曾在细节上做过出色的表演。有一次，约翰逊刚刚在国会参众两院联席会上致完词，一位参议员便走上去向他表示祝贺。约翰逊说："对，大家鼓了80次掌。"这位参议员立刻跑去核对会议记录，竟然查实总统丝毫没有说错。显然，约翰逊在讲演的同时，必定在仔细记数着会场上鼓掌的次数。

知识窗

肯尼迪是美国历史上第35任总统，他被美国民众视为美国历史上最杰出的总统之一。肯尼迪废止了种族隔离制度，建立了和平军队，并成功解决了古巴导弹危机。不幸的是，肯尼迪于1963年11月在达拉斯遇刺身亡。

男孩该懂得的道理

关注细节，不仅能够提高我们分析问题、解决问题的能力，还能够拉近我们和别人的距离，密切彼此的关系，因此，我们要养成关注细节的习惯。

男孩要学会关注细节，养成重视细节的好习惯。生活中的每一个细节，我们都可以利用它，使我们的人生变得更加辉煌。

一分钟的价值

你热爱生命吗？那么，别浪费时间，因为时间是组成生命的材料。

——美国科学家、政治家　本杰明·富兰克林

著名的成功学大师海特斯·莱西曾经接到一个小伙子的求教电话，他与那个向往成功、渴望指点的小伙子约好了见面的时间和地点。

小伙子如约而至时，海特斯·莱西的房门大敞着，眼前的景

象令小伙子颇感意外——海特斯·莱西的房间里乱七八糟，一片狼藉。没等小伙子开口，海特斯·莱西就招呼道："你看我这房间，太不整洁了，请你在门外等候一分钟，我收拾一下，你再进来吧！"一边说着，海特斯·莱西轻轻地关上了房门。

不到一分钟的时间，海特斯·莱西又打开了房门，并热情地把小伙子让进客厅。这时，小伙子眼前展现出另一番景象——房间内的一切已变得井然有序，而且有两杯刚刚倒好的香槟酒，淡淡的酒香在房间里荡漾着。

可是，没等小伙子把满腹有关人生和事业的疑难问题向海特斯·莱西讲出来，海特斯·莱西就非常客气地说："干杯，你可以走了。"

小伙子手持酒杯一下子愣住了，既尴尬又非常遗憾地说："可是，我……我还没向您请教呢！"

"这些难道还不够吗？"海特斯·莱西一边微笑着，一边扫视了一下自己的房间，轻言细语地说，"你进来又有一分钟了。"

知识窗

香槟是一种庆祝佳节用的酒，它具有奢侈、诱惑和浪漫的色彩，也是葡萄酒中之王。纯正的香槟酒，只有法国才有出产。其他国家生产的酒，大都以法国的制造方法为范本，也有以简化的方法制造的。香槟酒的味道醇美，适合任何场合饮用。

"一分钟……一分钟……"小伙子若有所思地说，"您让我明白了一分钟可以做很多事、可以改变许多事情的深刻道理。"

海特斯·莱西舒心地笑了。小伙子把杯里的香槟酒一饮而尽，向海特斯·莱西连连道谢后，开心地走了。

男孩该懂得的道理

文学大师鲁迅曾说过："时间犹如海绵里的水，只要你挤，总是有的。"只要能够养成珍惜每一刻都在努力的习惯，我们就可以做到每天比别人多挤出一小时来。这样日积月累，就一定能够达到我们想要达到的目标。只要把握好生命的每一分钟，也就把握了自己的未来。

每个男孩都应该养成珍惜时间的好习惯。时间就是生命，时间比金钱更珍贵。金钱只是一种符号，没有了可以再通过努力赚回来，但时间流逝后却不会再回来。只有懂得珍惜每一分钟、善于利用每一分钟时间的人，才会在自己所在的领域有所建树。

感谢卡片的效用

反思是做人的责任，没有反思能力的人不配做人。

——古希腊哲学家　柏拉图

阿光是位应届大学生，他学的是英文，自认为无论听、说、读、写，对他来说都只是雕虫小技，心里很是得意。

由于他对自己的英文能力相当自信，因此寄了很多英文履历到一些外商公司去应聘。他认为英文人才是就业市场中的绩优股，肯定人人抢着要。

然而，很长时间过去了，阿光投递出去的应征信函却毫无回音，犹如石沉大海一般。阿光的心情开始忐忑不安。此时，他却收到了其中一家公司的来信，信里刻薄地提道："我们公司并不缺人，就算职位有缺，也不会雇用你。虽然你认为自己的英文程度不错，但是从你写的履历来看，你的英文写作能力很差，大概只有高中生的程度，连一些常用的语法也错误百出。"

知识窗

应届毕业生是指在应该毕业的年份毕业的学生。应、往届生（高中毕业生）在报考大学时一视同仁，但往届生不能享受政策性加分和保送，不能报考公安及军事院校等。在分数相同的情况下，高校会优先录取应届生。

阿光看了这封信后，气得火冒三丈。他提起笔来，打算写一封回信，把对方痛骂一番，以消除自己的怨气。

然而，当阿光下笔之际，却忽然想到，别人不可能会无缘无故写信批评他，也许自己真的太过自以为是，犯了一些自己都没有察觉的错误。

因此，阿光的怒气渐渐平息。他自我反省了一番，渐渐发现了自己的很多不足，认识到了自己之前的狂妄和肤浅。于是他给这家公司写了一张感谢卡片，谢谢他们讲出了自己的不足之处，用字遣词诚恳真挚，把自己的感激之情表露无遗。

几天后，阿光再次收到这家公司寄来的信函。原来是那张感谢卡片起了作用，公司老总被他勇于承认自己不足的精神打动，认为他是个可造之材，将他破格录取了！

男孩该懂得的道理

懂事的男孩都是重视自我反思的。因为他们知道，反思自己是认识自己、改正错误、提高自己的有效途径，自我反思能使人格不断趋于完善，让自己慢慢走向成熟。

自我反思能给男孩混沌的心灵带来一缕光芒。在男孩迷路时，在男孩掉进了罪恶的陷阱时，在男孩的灵魂遭到扭曲时，在男孩自以为是、沾沾自喜时，自省就像一道清泉，将思想里的浅薄、浮躁、消沉、阴险、自满、狂傲等污垢涤荡干净，重现清新、昂扬、雄浑和高雅，让生命重放异彩，生气勃勃。

坚守做人的原则

人生的道路虽然漫长，但紧要处常常只有几步，特别是年轻的时候。

——著名作家　柳青

一个男孩走进了面试的房间，主考官认真地打量了他一会儿后说："如果是为了公司的利益，让你做出一定的牺牲，或者让你去别的公司里探听消息，你会为了公司而尽力去做吗？"

男孩觉得很意外，这个问题竟然不是关于专业知识的，他甚至没有问问自己的名字。男孩又回想了一下刚才在门外见到的那些竞争者，他们都很优秀，有些人还摆出了志在必得的架势。难道，主考官才只看了一眼，就已经准备淘汰我了吗？牺牲，什么叫有限度的牺牲？

知识窗

外科学是研究外科疾病的发生，发展规律及其临床表现、诊断、预防和治疗的科学，是以手术切除、修补为主要治病手段的专业学科。人们也往往把是否需要手术治疗作为区别内科还是外科疾病的标准。但外科学并不等于手术学，手术只是外科疾病治疗方法中的一种。

男孩在心里默默地思考。探听消息，这可是违反商业道德的，即使是为了公司的利益，也不能这么做。男孩打定主意，坚定地说："不，我有我的原则，到任何时候都不能打破。"主考官的脸上忽然现出了欣慰的表情："在今天上午的面试者中，你还是第一个说'不'的。恭喜你，我们已经决定录用你了。"

男孩用自己的做人原则得到了这份工作。

一位实习医生刚从学校毕业，在一家医院做实习生，实习期为一个月。在这一个月内，如果能让对方满意，他就可以正式获得这份工作。否则，就得离开。

一天交通部门送来了一位因遭遇车祸而生命垂危的病人，实习医生被安排做外科手术专家——该院院长亨利教授的助手。复杂艰苦的手术从清晨进行到黄昏，眼看患者的伤口即将缝合，这位实习医生突然严肃地盯着院长说："亨利教授，我们用的是12块纱布，可是您只取出了11块。""我已经全部取出来了，一切顺利，立即缝合。"院长头也不抬，不屑一顾地回答。"不，不行！"这位实习医生高声抗议道，"我记得清清楚楚，手术中我们用了12块纱布！"院长没有理睬他，命令道："听我的，准备缝合。"这位实习医生毫不示弱，他几乎大叫起来："您是医生，您不能这样！"直到这时，院长冷漠的脸上才露出欣慰的笑容。他举起左手里握的第12块纱布，向所有的人宣布："他是我最合格的助手。"

院长在考验他是否坚持自己的原则——而他具备了这一点。这位实习医生后来理所当然地获得了这份工作。

男孩该懂得的道理

不能坚持原则的男孩，就好像墙上的无根草，随风摇摆不定，找不到自己的方向。这样的男孩，是得不到别人信任的，也更谈不上成功。如果你自己都不确定想要什么，不要什么，别人又怎么给你呢？

只有坚持原则的人，才能赢得良好的声誉，才能令他人愿意与你建立长期稳定的交往。坚持原则还会给人们带来友谊、信任、钦佩和尊重。人类之所以充满希望，其原因之一就在于人们似乎对原则具有一种近于本能的识别能力，而且不可抗拒地被它所吸引。

一元钱的“存款”

不积跬步，无以至千里；不积小流，无以成江海。

——荀子

知识窗

蔡万霖（1924—2004年），中国台湾企业家。8岁随兄长到台北谋生，1962年与兄长蔡万春共同创立国泰人寿。1984年发展成为以国泰人寿和国泰建设为两大支柱的霖园集团，是台湾的金融龙头之一。美国《福布斯》1998年公布国泰人寿蔡氏家族以85亿美元名列第26位，是台湾首富。

蔡万霖小时候，家里经济条件很不好，经常出现挨饿的情况。后来，他发现妈妈每次做饭时，总是从定量的大米中抓出一小把放进坛子里。天长日久，竟也节省下来许多粮食。每当青黄不接之时，妈妈便把这些平日里积攒下来的大米拿出来供全家食用，以解燃眉之急。

妈妈的这种做法给了蔡万霖很大的启发。他想：如果主妇们每天都从零用钱中抽出一点存起来，时间久了，不也是一笔可观的数目吗？于是，在与哥哥商量之后，兄弟俩决定在台北第十信用社开展一元钱开户的“幸福存款”储蓄活动，他们宣布，只要存一元钱，就可以当

“十信”的客户。

这一倡议一经提出就得到了家庭主妇们的热烈响应。她们常常在上街购物的路上，顺道进“十信”，将手头为数不多的零钱存进去。还有的中学生也将假期打工挣得的钱，扣去书本费后悉数存进了“十信”。

蔡氏兄弟的一元钱幸福储蓄大获成功，他们趁热打铁，又在台湾其他地方开了 17 个分社，个个生意红火。后来，他们又增加了夜间办理储蓄业务。此后不久，“十信”已拥有社员 10 万多人，存款金额高达 170 亿元，一跃成为台湾最大的信用社之一。

母亲生活中的一个小习惯给了蔡万霖“财富是靠累积得来的”这样一个重要启发。这种思想不仅影响了他早期的创业，更在其一生追求成功的过程中起着至关重要的作用。人们评价他是“大胆创业，小心守成”的富豪，也称他为“聚财之神”。

男孩该懂得的道理

大凡事业上有建树的人，都善于积累。积累是极细致的工作，要细心、耐心，不厌其烦。积累是长期的工作，要细水长流，潺潺不断，三天打鱼两天晒网的人，是不能做的。积累可以丰富知识，扩展视野。

男孩应该养成重视积累的习惯。我们常说“厚积薄发”，只有平时积累到了一定程度，才能够脱颖而出，一鸣惊人。

小锤胜过大锤

一个人专心于本身的时候，他充其量也只能成为一个美丽、小巧的包裹而已；一个专心于事业的人，才能得到真正的飞翔和自由。

——佚名

玛瑞是一位推销大师，即将告别职业生涯，应同仁的邀请，她将在一个集会上作告别演说。集会那天，台下座无虚席，与会者热切地期待着他们心目中伟大的推销员作精彩演讲。

大幕徐徐拉开了，只见台中央吊着一个大铁球。为了固定这个铁球，台上搭起了高大的铁架。一位女性长者在热烈的掌声中缓缓走了出来，她就是玛瑞。她身穿运动服，脚穿运动鞋，站在铁架子的旁边，俨然一位多年修炼武术的长者。人们好奇地望着她，不知道她将演讲些什么。

知识窗

推销员是推销商品的职业人士，是第一线职员。现代推销既是一项复杂的业务工作，又是一种技巧性很高的艺术。推销员从寻找顾客开始，直至达成交易获取订单，不仅要周密计划，细致安排，而且要与顾客进行重重的心理交锋。

这时，两位工作人员抬出一个大铁锤。主持人请两位身体强壮的年轻人上台参与表演。转眼间，两名男青年跑到了台上。主持人向他们简单说明了击打铁球的规则。请他们用大铁锤，敲打那个吊着的铁球，直到使它能够动荡起来。

一个年轻人抢先拿起铁锤，拉开了架势，全力向吊着的铁球砸去，只听见“咣”的一声巨响，吊着的铁球却纹丝未动。随

后，他抡起大锤，接二连三地砸向吊球。很快，他就气喘吁吁了，吊球仍然是丝毫未动。另一个人也不示弱，在众人的加油声中，他接过大铁锤，叮叮当当，对着吊球一阵狂打，可是铁球仍旧一丝未动。

台下的观众逐渐没有了呐喊声，观众好像认定那样费力地敲打是没有用的，就等着主持人作出解释。就在这时，玛瑞从上衣口袋里掏出一个小锤，对着铁球敲了一下，然后停了一下，再一次用小锤敲了一下……10 分钟过去了，20 分钟过去了，吊着的铁球同样没有晃动。会场上，有人开始不耐烦了，甚至有的人弄出古怪的声音和动作表示不满。玛瑞仍然专注地用小锤敲一下、停一下，仿佛她没有听见人们在喊叫什么。

不少人感觉莫名其妙，他们本来是想听大师做精彩演讲的，不明白现场为什么做这样不专业的表演。一些人开始退场了，台下的人也不再呼喊了，会场上渐渐地安静了下来。

就这样，过了大约半个小时，坐在前排的一位女士突然尖叫一声："球动了！"霎时，会场上鸦雀无声，人们专注地看着那个铁球。果然，铁球慢慢地动了起来，不仔细看很难察觉。玛瑞仍旧一小锤、一小锤地敲着，吊球在敲打中越荡越高，直到它牵动着那个铁架子"哐哐"作响，巨大威力强烈地震撼着在场的每一个人。人群中终于爆发出一阵热烈的掌声。

这时，玛瑞转过身来，慢慢地把那把小锤揣进衣兜里。平静地对大家提了一句忠告："如果你不专注于自己所做的事情，等待成功的到来，那么，你就得用一生的时间去面对失败。"

玛瑞的演讲就此结束了，听众再次报以热烈的掌声。

男孩该懂得的道理

习惯是男孩独立于社会的基础，又在很大程度上决定着人们的生活效率和生活质量，并进而影响着他一生的目标。

一个男孩只要养成做事专注的习惯，就一定会做出使自己感到吃惊的成绩来。蜻蜓点水，浅尝即止，永远到达不了成功的彼岸。

“梅尔多” 铁锤

小事成就大事，细节成就完美。

——惠普公司创始人 戴维·帕卡德

在美国纽约州，有一家妇孺皆知的“梅尔多”公司。这家公司是靠制造“梅尔多”牌铁锤起家的，它的起家时间很长，但过程却非常简单。

“请给我做一把最好的锤子，做出你能做得最好的那种。”多年前，在纽约州的一座村庄，一个木匠对一个铁匠说，“我是从外地来的，在这里做一个工程，我的工具在路上丢了。”

“我做的每一把锤子都是最好的，我保证。”铁匠戴维·梅尔多非常自信地说，“但你会出那么高的价钱吗?”

"会的。"木匠说,"我需要一把好锤子。"

铁匠最后交给他的,确实是一把很好的锤子,也许从来就没有哪柄锤子比这个更好。尤其值得称道的是,锤子的柄孔比一般的要深,锤柄可以深深地楔入柄孔中,这样,在使用时锤头就不会轻易脱柄。

木匠对这把锤子十分满意,不停地向同伴炫耀他的新工具。第二天,和他一起的木匠都跑到铁匠铺,每个人都要求定制一把一模一样的锤子。

这些锤子被工头看见了,于是他也来给自己定了两件,而且要求比前面定制的都好。"这我可做不到,"梅尔多说,"我打制每个锤子的时候,都是尽可能把它做得最好,我不会在意谁是主顾。"

一个五金店的老板听说了此事,一下子订了两打,这么大的订单,梅尔多以前从来没有接过。

知识窗

纽约是美国的金融经济中心,美国最大城市、港口和人口最多的城市,同时也是世界最大的城市,由于联合国总部设于该市,因此被世人誉为"世界之都"。纽约与英国伦敦、日本东京、法国巴黎并称为世界四大国际大都会。

不久,纽约城里的一个商人经过这座村庄,偶然看见了梅尔多为五金店老板定制的锤子,强行把它们全部买走了,还另外留下了一个长期订单。

在漫长的工作过程中,梅尔多总是在想办法改进铁锤的每一个细节,并不因为只是一个铁锤而疏忽大意。尽管这些锤子在交货时并没有什么"合格"或"优质"等标签,但人们只要在锤子上见到"梅尔多"几个字,就会毫不犹豫地买下它。

就这样，在一个不起眼的乡村小镇诞生的小铁锤，慢慢成了美国乃至全世界的名牌产品，而梅尔多本人也凭着这些铁锤成为了亿万富翁。

“梅尔多”铁锤之所以畅销，是因为每一把“梅尔多”铁锤都是最好的；梅尔多之所以成功，是因为他总是把每一把铁锤都做到最好。

男孩该懂得的道理

做事情严谨精细的男孩，常常对周围的事思考得很周全，善于三思而后行。这样的男孩责任心较强，办事比较精明。

把每一件事情，都努力做到最好，是一种对他人、对自己高度负责的态度。只有这样你才有可能赢得大家广泛的信赖，从而让自己走向成功。

梦中的启发

虚伪喜欢躲藏在最高尚的思考之中。它从不企图脱离思考，因为思考能使它不费吹灰之力就获得高尚的美名。

——爱尔兰的政治家、作家　埃德蒙·伯克

1620年深秋，莱茵河畔的乌尔姆小镇扎下一排军用帐篷。夜很深了，帐篷里有一位年轻士兵翻来覆去睡不着，他就是后来闻名于世的数学家、哲学家笛卡尔。

笛卡尔从小身体瘦弱多病，但勤奋好学，喜欢思考问题，对哲学和数学有浓厚的兴趣。他有一个习惯，就是经常躺在被窝里思考问题。在这个夜深人静的晚上，军营里静悄悄的，笛卡尔仍然难以入睡。他透过帐篷的缝隙，看到天空里的星星像豆子一样，他想，如果用数学方法，怎么表示它们的位置呢？当然最好是画一张图，但这是几何的方法，再说这么纷乱的星空即使画出来，要指给人看一颗星时，还是得拿出一张图。有什么方法只用几个数字就能标清它们的位置呢？他又联想到自己随军到处奔波，前几天还在多瑙河右岸，今天晚上又到左岸，时而在上游，时而在下游，要是给上级报告部队的位置，该怎样表示呢？

> **知识窗**
>
> 笛卡尔对现代数学的发展做出了重要的贡献，他将几何坐标体系公式化，被认为是解析几何之父。他还是西方现代哲学思想的奠基人，是近代唯物论的开拓者。他的哲学思想深深影响了之后的几代欧洲人，开拓了所谓“欧陆理性主义”哲学。

想着想着，笛卡尔就迷迷糊糊地睡着了。他梦见和排长聊天，排长竟然用两只箭交叉成十字，告诉他可以用坐标的方法标志天上的星星，这令他茅塞顿开。

正在兴奋之际，笛卡尔突然觉得自己的屁股上重重挨了一脚，睁开眼睛一看，帐篷里已射进阳光。排长正站在他的身边喊着：“你这个懒鬼，还不起床，又在做什么美梦呢？”

笛卡尔眨了眨眼，一骨碌爬了起来，双手抓住排长的肩膀直摇：“你真厉害，是你提醒了我。”排长骂道：“神经病!”又去催别人起床。笛卡尔清醒了，原来是一个梦。他像发了疯似的从枕头下抽出一个本子和半截铅笔，先画了一条竖线，标明为 y；又画了一条横线，标明为 x。在这两条轴上又标出许多正负刻度，绘的图就如梦中的一样。

梦里的启发，使笛卡尔如梦初醒。困扰他多年的代数和几何的结合问题，在一夜之间竟然找到了解决的思路和方法。他离开军营后，专门研究起哲学和数学理论。后来，笛卡尔在《方法谈》的附录《几何》中，将坐标引入几何，带来革命性进步。从此，几何问题能以代数的形式来表达，标志着代数与几何的第一次完美结合，笛卡尔也因此被誉为解析几何的创始人。

男孩该懂得的道理

每一项发明都是一个问题的答案，哪怕是最细小的疑问，也可能蕴藏着伟大的真理。如果你养成了善于思考的习惯，或许你也能发现一个科学定理。

我们都知道，一个勤于思考的男孩，才是有竞争力的男孩。可是，现在的男孩往往是懒得去想，一想就开始烦躁。只有在学习的时候，才会去动下小脑筋，在平时的生活中，他们才懒得想、懒得管呢。如果男孩没有养成勤于思考的好习惯，那这个男孩就丧失了立足社会的能力。所以，我们一定要培养自己动脑筋的习惯。

第五章

知识和技能是立足之本

在现实生活中，很多人能够主动地学习。因为他们知道，书本中的知识是人类智慧的结晶，读书学习就是让自己在有限的时间里吸取人类多年的经验，使自己有可能站在巨人的肩膀上，成为令人瞩目的成功者。

莎士比亚说："书籍是全世界的营养品，生活里没有书籍，就好像没有阳光；智慧里没有书籍，就好像鸟儿没有翅膀。"人们曾经用许多美丽的词句来赞美知识。是的，知识对我们来说太重要了。每个男孩都渴望成功，但成功喜欢垂青勤奋好学的男孩，而远离不爱读书、缺乏知识的人。勤奋好学是我们成功的前提，没有知识我们就没有立足之地，甚至连谋生的手段都学不会。可见读书学习的重要性。

知识的价值

知识的历史犹如一只伟大的复音曲，在这只曲子里依次响起各民族的声音。

——德国思想家、诗人　歌德

知识窗

电动机是指依据电磁感应定律实现电能转换或传递的一种电磁装置。电动机也称马达，在电路中用字母“M”（旧标准用“D”）表示。它的主要作用是产生驱动转矩，作为用电器或各种机械的动力源。

1988年初，上海救捞局的郑海根奉命去南海永暑礁执勤。他工作之余在船舷垂钓时，钓到一只少见的海螺。后来，他与伙伴们把这只海螺煮熟吃了，将螺壳留下作纪念。由于不知道海螺的名称，回来后郑海根便到上海自然博物馆去请教。博物馆的专家见到螺壳后愣住了，原来这是一只国家一级保护动物——鹦鹉螺。著名的海珍收藏家周方伦告诉郑海根：“你吃掉的哪里是什么海鲜，那是10万美元啊！”鹦鹉螺是珍贵的头足类动物，对研究动物进化和地球演变历史都有重要价值。据说，目前除澳大利亚有鹦鹉螺的采获记录，美国国家动物园也仅存两只鹦鹉螺的活体。我国至今尚未采获一只活体！郑海根吃掉10万美元，使我们又想起50年前的另一件事。

1938年，有人把捕获的一种怪鱼画成图送到鱼类专家史密顿处。史密顿见了后惊叫起来："空棘鱼！这种被认为已经灭绝的鱼居然还活着！"他马上驱车赶赴捕获现场。可惜晚了！史密顿在码头边只见到空棘鱼的骨头，原来渔民们已经把这一珍稀动物吃掉了。看来，这些渔民们吃掉的也是成千上万美元啊！

1923年，美国福特公司的一台电动机坏了，直接影响正常的生产。公司责任人为这件事心急似火，一时却又毫无办法。这时，德国工程师思坦曼思自告奋勇，承担了修理任务。他在电动机旁爬上爬下，听听看看，然后用粉笔在电动机的一个地方画了一道线，说明这儿的线圈多了16圈。后来，当把这16圈多余的线拿掉后，电动机果然又开始正常运转了。有趣的是，福特公司的负责人给了思坦曼思1万美元的修理费，并注明其中1美元付画线的钱，其余9999美元是付知道在哪儿画线的钱。可见，福特公司的负责人很懂得知识的价值，而思坦曼思也正是靠他的专业知识，使电动机重新发挥作用。

男孩该懂得的道理

知识就是力量。没有知识的大脑，就像没有蜡烛的灯笼，只是一件摆设。通过上述例子，我们清楚地看到，没有知识是十分可怕的，说不定在某个时候，就会犯下低级的错误。

没有知识的男孩，即使有很多钱，即使相貌出众，也会给人以“绣花枕头”的笑柄。所以一定要增加自己人生的分量，增加自己的内涵。金钱是身外之物，知识永远比金钱重要千倍万倍！

爱读书的汤姆

与其用华丽的外衣装饰自己，不如用知识武装自己。

——伟大的哲学家、革命理论家　马克思

知识窗

阿拉斯加州是一个位于美国西北太平洋东岸的州，也是美国最大的州。阿拉斯加州东接加拿大的育空、不列颠哥伦比亚，南邻阿拉斯加湾、太平洋，西濒白令海、白令海峡、楚科奇海，北临北冰洋。原属俄罗斯，1867年被俄国人以720万美元的价格卖给了美国。

从前，在美国阿拉斯加州的一所小学里，有一个叫汤姆的男孩非常喜欢读书。

有一次，吃过饭后，两个弟弟都在一边做游戏，而小汤姆拿了一本书坐在书桌旁看了起来。家里打闹的嬉笑声太大了，他就用两根手指塞住耳朵，还在专心地看书。小伙伴们有时逗他，他连眼皮也不抬一下。

这时，小汤姆的表姐来了，看见小汤姆专心的样子，不禁觉得好笑，就想捉弄他一下。于是，他们搬来几把椅子，在小汤姆身后堆成了一个塔状，然后悄悄躲在一边，准备看小汤姆的笑话。谁知小汤姆沉浸在书本里，半个小时过去了，竟没有察觉。

正当小伙伴们等得不耐烦时，小汤姆读完了一本书，准备再换另一本。他刚一抬头，只听得“哗”的一声，椅子全倒了下来，碰到了小汤姆的肩膀。伙伴们大笑着四处跑开，他们以为小汤姆要追赶着打闹起来。他们跑出了一段距离，却发现没有一个人被小汤姆追赶。他们感觉奇怪，难道小汤姆被碰得起不来了？大家扭头回来想看个究竟。让伙伴们吃惊的是，小汤姆换了一本书又坐在原来那个位置上看了起来，好像没有发生过任何事情一样。大家面面相觑，不得不佩服小汤姆读书的劲头儿了。

通过努力，汤姆终于考上了大学。在大学期间，汤姆像块贪婪的海绵，拼命地吸吮着知识的乳汁。图书馆是汤姆经常去的地方。一次，他忘记了吃饭，竟然饿得晕倒在图书馆里。几乎每天晚上，他都要在图书馆看书，直到闭馆的时间才回家。回到寝室，他在油灯下，一直看书到凌晨一两点。

冬季，汤姆躺在床上休息的时候，常常被冻醒。他只得爬起来，把自己所有的衣服都穿在身上再重新躺下。艰苦的生活，刻苦的学习，终于换来了丰硕的果实，最终成为一名优秀的诗人。

男孩该懂得的道理

知识可以改变命运。无论你出生在什么家庭，只要你勤奋学习，依靠自己掌握的知识和才能，你就可以成为一个优秀的男孩。在迈向知识经济时代的今天，知识对每个人的重要性越来越突出，现在不再是"活到老，学到老"，而是"学到老，才能活到老"。

所以，优秀的男孩都要学习、学习、再学习；准备得充分一些、再充分一些。这样才能不断提高自身素质，抓住机遇，走向成功。

最后一次考试

重要的不是知识的数量，而是知识的质量，有些人知道很多很多，但却不知道最有用的东西。

——俄国作家、思想家　托尔斯泰

这是他们大学期间的最后一次考试……

在教学楼的台阶上，一群工程学高年级的学生挤做一团，正在讨论几分钟后就要开始的考试，他们的脸上充满了自信。

一些人在谈论他们现在已经找到的工作；另一些人则谈论他们将会得到的工作。带着经过四年的大学学习所获得的自信，他们感觉自己已经准备好了，并且能够征服整个世界。

他们知道，这场即将到来的测验将会很快结束。因为教授说过，他们可以带他们想带的任何书或笔记。要求只有一个，就是他们不能在测验的时候交头接耳。

他们兴高采烈地冲进教室。教授把试卷分发下去。当学生们注意到只有五道评论类型的问题时，脸上的笑容更加扩大了。

三个小时过去了，教授开始收试卷。学生们看起来不再自信了，他们的脸上是一种恐惧的表情。没有一个人说话。教授手里拿着试卷，面对着整个班级。

> **知识窗**
>
> 工程学是一门应用学科，研究自然科学在各行业中的应用方式、方法的一门学科，同时也研究工程进行的一般规律，并进行改良研究。把工程学应用于实践的人叫做工程师。

他俯视着眼前那一张张焦急的面孔，然后问道："完成五道题目的有多少人？"

没有一只手举起来。

"完成四道题的有多少？"

仍然没有人举手。

"三道题？两道题？"

学生们开始有些不安，在座位上扭来扭去。

"那一道题呢？当然有人完成一道题的。"

但是整个教室仍然很沉默。教授放下试卷。"这正是我期望得到的结果。”他说。

“我只想要给你们留下一个深刻的印象，即使你们已经完成了四年的工程学习，关于这项科目仍然有很多的东西你们还不知道。这些你们不能回答的问题是与每天的普通生活实践相联系的。”然后他微笑着补充道，“你们都会通过这个课程，但是记住——即使你们现在已是大学毕业生了，你们的教育仍然还只是刚刚开始。”

男孩该懂得的道理

教授通过这次看似极其平凡的考试便让学生深深地领悟到了“学海无涯”这个哲理。同时也告诫了学生们要谦虚面对每一件事，他们懂得太少，要不断地去学习充实自己。

每个男孩对于学习的态度都应该是谦虚的。要知道，我们所学的知识就像是一个圆，学的越多，就会接触到更多的未知领域。所以，必须不断地学习提高自己，永远也不能懈怠。

海水为何是蓝色的

冷静思考的能力，是一切智慧的开端，是一切良知的源泉。

——著名心理学家　弗洛伊德

1921 年夏天，航行在地中海的一艘客轮上，印度学者拉曼正在甲板上俯着身子，用简易的光学仪器对海面进行观测。他是代表印度加尔各答大学到英国牛津参加英联邦的大学会议的，还准备去英国皇家学会发表演讲。这一年，拉曼才 33 岁。

对于拉曼来说，海水的蓝色并没有什么稀罕。他所在的马德拉斯大学，面对着本加尔海湾，他每天都可以看到海湾里变幻的海水色彩。事实上，拉曼早在 16 岁时，就已熟悉以著名物理学家瑞利勋爵名字命名的瑞利定律。瑞利认为，深海的蓝色并不是海水的颜色，只不过是天空蓝色被海水反射所致。

知识窗

“拉曼效应”是拉曼发现的光反常散射现象。1928 年 2 月 28 日下午，拉曼决定采用单色光做光源，做了一个有意义的实验。他从目测分光镜看散射光，看到在蓝光和绿光的区域里，有两根以上的尖锐亮线，每一条入射谱线都有相应的变散射线。人们便把这种新发现的现象称为“拉曼效应”。

拉曼在甲板上漫步时，一

对母子的对话引起了他的注意。

孩子问他的母亲："妈妈，这个大海叫什么名字？"

母亲回答："地中海。"

"为什么叫地中海？"孩子好奇地问道。

“因为它在欧亚大陆和非洲大陆之间。”

孩子继续问：“它为什么是蓝色的?”

年轻的母亲一时语塞。

这时，在这对母子旁边的拉曼告诉男孩：“海水之所以呈蓝色，是因为它反射了天空的颜色。”当时，科学界几乎所有的人都认可瑞利勋爵的这一解释。随后，拉曼又感觉自己的解释似乎欠妥。那个充满好奇心的稚童提出来的“为什么”，都是从“已知”中去自求“未知”。作为一名科学家，拉曼发现自己在不知不觉中丧失了那个男孩所具有的好奇心。他自己对“海水是蓝色的”解释只是接受了科学家的结论，而没有探究这个结论的正确性。

回到加尔各答后，拉曼立即着手研究海水为什么是蓝色的。他决心进行实地考察。他用尼科尔棱镜观察从海面反射的光线，即可消去来自天空的蓝光，这样他看到的光应该就是海水自身的颜色。结果证实，由此看到的是比天空更深的蓝色。他又用光谱分析海水的颜色，发现海水比天空更偏蓝。可见，海水的颜色并非由天空颜色引起的，而是海水本身的一种性质。

拉曼在研究中发现了一种普遍存在的光散射效应。这种效应被人们统称为“拉曼效应”。这一发现为20世纪初科学界最终接受光的粒子性学说提供了有力的证据。

地中海轮船上那个男孩的提问，把拉曼引向了诺贝尔物理学奖的殿堂。1930年，拉曼成为印度也是亚洲历史上第一个获得诺贝尔物理学奖的科学家。

男孩该懂得的道理

古人云：书山有路勤为径，学海无涯苦做舟。光靠勤奋还是不够的，学习中还需要善于思考，这是学习取得成效的重要手段之一。事实上，许多伟大而有成就的人物都善于思考。他们对自己存有疑虑的问题绝不盲从权威，而是进行深入的思考和研究，直至得到一个满意的令人信服的答案。每个男孩都希望自己成为有知识的人，那么，在学习中就不要死记硬背，养成带着疑问思索的好习惯。

每天学点新东西

如果我阅读得和别人一样多，我就知道得和别人一样少。

——英国作家　霍伯斯

费利斯的父亲巴克尔出身贫苦农家，只读到五年级，家里就要他退学到工厂做工去了。从此，世界便成了他的学校。他对什么都有兴趣，他阅读一切能够得到的书籍、杂志和报纸。他爱听镇上乡亲们的谈话，以了解人们世世代代居住的这个偏僻小村以外的世界。

巴克尔非常好学，他对外面世界的好奇心，不但随同他远渡重洋来到美国，后来还传给了他的家人。他决心要让他的每一个孩子都受到良好教育。巴克尔认为，最不可宽恕的是一个人晚上上床时还像早上醒来时一样无知。他常说："该学的东西太多了，虽然我们出世时愚昧无知，但只有蠢人才永远如此。"

为了防止孩子们堕入自满的陷阱，巴克尔要自己的孩子们每天必须学一样新的东西，而晚餐时间似乎是他们交换新知识的最佳场合。

他们每人有一项"新知"之后，便可以去吃饭了。

有时，巴克尔的目光会停在他们当中一人身上。"费利斯，告诉我你今天学到些什么。"

"我今天学到的是尼泊尔的人口……"

餐桌上顿时鸦雀无声。

费利斯一向都觉得奇怪，不论他所说的是什么东西，父亲都不会认为琐碎。

知识窗

尼泊尔是内陆山国，位于喜马拉雅山南麓，北邻中国，其余三面都与印度接壤，国境全长2400千米。尼泊尔号称"高山王国"，其境内分布着众多的"极高山"（海拔超过6000米以上的高山被称为极高山）。地球上最高的14座山峰中，有8座全部或部分位于尼泊尔境内。

"尼泊尔的人口。嗯，好。"

接着，巴克尔看看坐在桌子的另一端的妻子。

"孩子的妈，这个答案你知道吗？"

妻子的回答总是会使严肃的气氛变得轻松起来。"尼泊尔？"她说，"我非但不知道尼泊尔的人口有多少，我连它在世界上什么地方也不知道呢！"当然，这种回答正中巴克尔的下怀。

“费利斯，”巴克尔又说，“把地图拿来，我们来告诉你妈妈尼泊尔在哪里。”于是，全家人开始在地图上找尼泊尔。

费利斯当时只是孩子，一点也觉察不出这种教育的妙处。他只是迫不及待地想走出屋外，去跟小朋友一起玩游戏。

如今回想起来，他才明白父亲给他的是一种多么生动有力的教育。在不知不觉之中，他们全家人共同学习共同进步。

费利斯进大学后不久，便决定以教学为终身事业。在求学时期，他曾追随几位全国最著名的教育家学习。最后，他完成大学教育，具备了丰富的理论与技能，但令他感到非常有趣的是发现那些教授教导他的，正是父亲早就知道的东西——不断学习的价值。

男孩该懂得的道理

费利斯家庭的这种教学方法很值得借鉴。学习如果只是孩子的事情，它可能就是一种劳役；学习如果是孩子和父母共同的事情，它就变成一种乐趣；当学习成为一个家庭每个人的事情时，它就成为一种甜美的生活。

男孩长大后会成为怎样的人，决定于在成长过程中所学到的东西。人的生命是有限的，而知识的海洋是无限宽广的。每天都努力学点新的东西，这一天才称得上是没有白费。

未完成的画作

在寻求真理的长河中，唯有学习，不断地学习，勤奋地学习，有创造性地学习，才能越重山跨峻岭。

——我国著名数学家　华罗庚

西班牙著名画家穆律罗经常发现他学生的油画布上有未完成的素描画作，画面相当协调，笔触极富天才。然而这些草图通常都在深夜留下，一时无法判定作者是谁。

一天早晨，穆律罗的学生陆续来到画室，聚集在一个画架前，不由得发出惊讶的赞美声。穆律罗看后同样震惊不已。油画布上呈现着一幅尚未完成的圣母玛利亚的头部画像，优美的线条，清晰的轮廓，许多笔调无与伦比。他挨个询问学生，探查究竟谁是作者。可学生都遗憾地摇头，穆律罗感慨地赞叹道："这位留画者总有一天会成为我们所有人的大师。"

知识窗

在基督教里认为，玛利亚是耶稣基督的生身母亲，是木匠若瑟（约瑟）的妻子。圣母玛利亚是耶稣的亲人中第一个认定耶稣是天主（上帝）圣子的人，也是全世界第一个恳请耶稣基督首次施行神迹的人。

他回头问站在身旁颤抖不停的年轻奴仆："塞伯斯蒂，晚上谁住这儿?"

"先生，除我之外……没有其他人了。"

"那好，今晚你要特别留神。假如这位神秘的造访者大驾光临而你又不告诉我，明天你将受罚30鞭。"

那天晚上，塞伯斯蒂在画架前铺好床铺，忐忑的躺下了。次日凌晨钟鸣三响，他倏然从床铺上蹦起来，自言自语地说："不能让导师发现是我画的，我要擦掉它!"可就当他准备涂掉前夜的作品，却凝然不动了。他呼喊道："不！现在不能，让我画完吧！画完就涂掉。"

不一会儿，他就进入了画画的境界：时而点缀点色彩，时而添上一笔，然后再配上柔和的色调。3个小时不知不觉悄然而逝。一声轻微的响声惊动了塞伯斯蒂。他抬头一看，穆律罗和学生们静悄悄地站在周围！晨曦从窗户中透进，而蜡烛仍在燃烧。

所有人的目光都投向塞伯斯蒂，流露出热切的神情。他双眼低垂，悲切地低下头。

"谁是你的绘画导师?"穆律罗问道。

"是您，先生。"

"可我从未教过你。"

"是的。但您教过这些学生，我聆听过。"

穆律罗听后，深情地对塞伯斯蒂说："你的画笔显露出你的非凡才能。从现在起，你不再是奴仆，我收你为我的儿子，行吗?……我穆律罗多幸运啊，竟然造就出一位了不起的画家!"

时至今日，在意大利收藏的名画中，仍能看到许多穆律罗和塞伯斯蒂笔下的优美作品。

地位身份的差异并不能阻挡人们追求艺术的步伐，只有用心灵祭奠艺术的人们才能真正承载艺术殿堂的光辉。即使生活在黑暗当中，他们也能用心涂抹出明亮的色彩。

相信每个男孩的心里都孕育着一个七彩的梦，要想把梦想变成现实，就需要不断地努力，让更多的知识充实自己的头脑。长期坚持下去，就会有一鸣惊人的一天。

匡衡凿壁借光

我读书奉行九个字，就是“读书好，好读书，读好书”。

——著名诗人、作家　冰心

西汉时候，有个农民的孩子，叫匡衡。他小时候很想读书，可是家里穷，没钱读书。后来，他跟一个亲戚学会了认字，才有了看书的能力。

他的邻居家里很富有，一到晚上好几间屋子都点着蜡烛，把屋子照得通亮。匡衡有一天鼓起勇气，对邻居说：“我晚上想读书，可买不起蜡烛，能否借用你们家的一寸之地呢?”邻居一向瞧不起比他们家穷的人，就恶毒地挖苦说：“既然穷得买不起蜡烛，还读什么书呢!”匡衡听后非常气愤，不过他更下定决心，一定把书读好。

匡衡买不起书，只好借书来读。那个时候，书是非常贵重的，有书的人不肯轻易借给别人。匡衡就在农忙的时节，给有钱人家打短工，不要工钱，只求人家借书给他看。

知识窗

秦朝灭亡后，继之而起的是一个强大的王朝，就是西汉王朝。西汉又称前汉，与东汉（后汉）合称汉朝。西汉建立后，在诸多制度上承袭了秦制，又实行了“轻徭薄赋”的政策，使社会经济稳步发展，农业、手工业及商业领域均取得明显进步，出现了文景之治。

过了几年，匡衡长大了，成了家里的主要劳动力。他一天到晚在地里干活，只有中午歇晌的时候，才有工夫看一会儿书，所以一卷书常常要十天半个月才能够读完。匡衡很着急，心里想：白天种庄稼，没有时间看书，我可以多利用一些晚上的时间来看书。可是匡衡家里很穷，买不起点灯的油，怎么办呢?

有一天晚上，匡衡躺在床上背白天读过的书。背着背着，突然看到东边的墙壁上透过来一线亮光。他一下子站起来，走到墙壁边一看，啊！原来从壁缝里透过来的是邻居家的灯光。于是，匡衡想了一个办法：他拿来一把小刀，把墙缝挖大了一些。这样，透过来的光亮也大了，他就借着透进来的灯光读起书来。渐渐地，他把家中的书全都读完了。

匡衡读完这些书，深感自己所掌握的知识太少了，他想继续多看一些书的愿望更加迫切了。

附近有个大户人家，有很多藏书。一天，匡衡卷着铺盖出现在大户人家门前。他对主人说：“请您收留我，我给您家里白干活不要报酬。只要让我阅读您家的全部书籍就可以了。”主人被他的精神所感动，答应了他借书的要求。

匡衡就是这样勤奋学习的。后来他做了汉元帝的丞相，成为西汉时期有名的学者。

匡衡勇于战胜艰苦的条件，勤奋读书的精神，为我们树立了刻苦读书的好榜样。

男孩该懂得的道理

书对人的成长影响是很大的，成长中的男孩，要充实自己的大脑，就要养成读书的好习惯。常读书，多读书，读好书，书里的精华才会渗透到你的思想里，才会开拓你的视野，使你在成功的路上才会少一些挫折和失败，从而离成功越来越近。

从这个故事中，我们可以看出：男孩要想成就一番伟大的事业，必须努力读书。不管有任何艰难险阻，都要坚定不移地学习，持之以恒，勇往直前，那么迎接你的必将是人生和事业的辉煌！

"锥刺股" 的故事

青年是学习智慧的时期，中年是付诸实践的时期。

——法国启蒙思想家　卢梭

战国时，苏秦自幼家境贫寒，温饱难继，读书自然是很奢侈的事。为了维持生计和读书，他不得不时常卖自己的头发和帮别人打短工，后又离乡背井到齐国拜师求学，跟鬼谷子学纵横之术。

知识窗

《阴符经》又称《黄帝阴符经》，传说为黄帝所作，学者都认为是后人伪托。本书言简意赅，具有朴素的唯物主义倾向，历来为学者所重视，在中国古代的哲学和兵学中都占有一定的地位。

一段时间之后，苏秦自认为已经学业有成，便迫不及待地告别师友，游历天下，以谋取功名利禄。一年后不仅一无所获，自己的盘缠也用完了。由于没办法再支撑下去，于是他穿着破衣草鞋踏上了回家之路。

到家时，苏秦已骨瘦如柴，全身破烂肮脏不堪，满脸尘土，与乞儿无异。最后只好垂头丧气地走回家中。

到了家里，他经过深刻反思，认识到了自己书读的还是不够，才会一事无成。于是重振精神，开始再发愤读书。他想道："一个读书人，既然已经决心埋首读书，就应该凭这些学问来取得尊贵的地位，反之，书读得再多，又有什么用呢？"

于是，他从这些书中捡出一本《阴符经》，用心钻研。

他每天研读至深夜，有时候不知不觉伏在书案上就睡着了。每次醒来，都懊悔不已，痛骂自己无用，但又没什么办法不让自己睡着。有一天，读着读着实在倦困难当，不由自主便扑倒在书案上，但他猛然惊醒——手臂被什么东西刺了一下，一看是书案上放了一把锥子。为此他想出了一个不打瞌睡的办法——"锥刺股"。以后每当要打瞌睡时，就用锥子扎自己的大腿一下，让自己猛然"痛醒"，继续读书。他的大腿因此常常是鲜血淋漓，惨不忍睹。

家人见状，心有不忍，劝他说："你一定要成功的决心和心情可以理解，但不一定非要这样自虐啊！"

苏秦回答说："不这样，我会忘记过去的耻辱；唯有如此，才能催我苦读！"

经过血淋淋的一年"痛"读，苏秦很有心得，写出了《揣》、《摩》两篇。这时，他充满自信地说："这下我可以说服许多国君了！"最终游说六国，成为最著名的说客与谋士。

男孩该懂得的道理

在学习中，没有专心致志的精神，没有坚强的毅力，没有吃苦精神是学不好的，学习需要努力和付出。知识在于积累，聪明在于学习。男孩应该放远眼光，注重自身知识的积累，厚积薄发，这样才可以最大限度地避免让自己走弯路，达到事半功倍的效果。

自古以来，人们对读书学习就非常重视。多读书，不仅可以提高人的文化素质，陶冶人的情操，还可以给人以愉悦和享受。读书，能使贫瘠的心变得富有；读书，能使平庸的人生变得多姿多彩；读书，可以提高我们的文化底蕴……

农民变律师

现在，我怕的并不是那艰苦严峻的生活，而是不能再学习和认识我迫切想了解的世界。对我来说，不学习，毋宁死。

——俄国哲学家、诗人　罗蒙诺索夫

知识窗

律师是指依法取得律师执业证书，接受委托或者指定，为当事人提供法律服务的执业人员。

姜锦程1966年出生于山东省高密县柴沟镇大王柱村一个贫困的农民家庭。高中一年级时，父亲去世，家庭负担日益沉重，他不得不辍学。务农3年后，他随一支建筑队到青岛打工。

刚进建筑队，他就开始自学，一年后就拿到了“建筑工程预算员资格证书”。他从搬砖的小工变成了预算员。他的命运第一次因为知识而改变。

他没有就此满足，要继续靠知识改变命运。他考上了青岛市职工大学。他一边工作，一边用业余时间上大学。

可是不久，工程完工，建筑队要移师威海。他如果跟着建筑队走，就得中断学业；他如果留在青岛学习，就没有了工作，没有了经济来源。经过激烈的思想斗争，他决定留下来继续念大学。因为这决定他未来的命运。

他走遍大街小巷都没有找到工作。一位修鞋的人给了他启发。他觉得，这个活儿挺好，机动灵活，时间可以自己掌握，既能保证学业，又解决了温饱问题。他拿出兜里仅剩的 200 元钱，花 196 元购买了修鞋工具，走街串巷去修鞋。

为了学习、上课，他长期以来养成了一个生活习惯：每天凌晨 3 点钟就起床，看书到 6 点钟，大脑疲劳时再上床躺一小时，7 点钟起来做饭，一边做饭一边看书。8 点准时出摊。下午 4 点收摊，匆匆吃点儿剩饭就去上学。放学回来实在饿了就啃几口萝卜充饥，然后把老师讲的课温习一遍，10 点上床睡觉。

就这样，他一连坚持自学了三个大学专业。1995 年，他拿到了“工业与民用建筑”大专文凭；1998 年，他拿到了法律专业大专文凭；1999 年，他又拿到了英语大专文凭。

从 1989 年到青岛打工，到 1999 年拿到了三个大专文凭，他有 10 个除夕夜都是一个人在青岛阴冷的小屋里，在苦读中度过的。

1999 年 10 月，他走进了律师资格考试的考场，但这次他名落孙山。

2000 年 10 月，他又走讲了律师资格考试的考场，这一次，他成功了。不久，他就被青岛某律师事务所录用。

男孩该懂得的道理

这个故事很有启发性，主人公从一位农民成为一名律师，是他自觉地学习起了决定性的作用。他数十年如一日地坚持学习，虽然吃了苦，但他真正体验到了知识改变命运的甜头。我们有理由相信，他的明天会更灿烂。

学习是一件很严肃的事情，必须重视起来。男孩要想改变生活，就请多读书吧！要想改变命运，就请理性地多读书吧！只有这样，生活的阳光才能照进你的心房。

一年才读一本书

阅读的最大理由是想摆脱平庸，早一天就多一份人生的精彩，迟一天就多一天平庸的困扰。

——知名学者、作家　余秋雨

著名教育家、革命家徐特立先生，读书从不贪多图快，而是注重实效。他总是强调，与其用读一本书的时间，马马虎虎地读 10 本书，不如用读 10 本书的时间，老老实实地去读一本书，把这本书读得字字分明，句句通透。

当年徐特立先生曾经用一年的时间刻苦攻读过《说文解字》。这部书是 1800 多年前东汉人许慎编写的，是我国有史以来第一部系统分析字形和考究字源的字典，共收有9000多个汉字，字体都是用篆籀古文写成的，阅读起来非常困难，字形读音都非常难记。

但是，研究中国古代文学、文字学等学问，这又是一本不能不读懂并掌握的重要工具书。怎么办？掌握它！为了攻下这个难题，徐老给自己制订了一个学习计划：每天只学两个到三个字。他白天研究学习这两三个字，晚上睡觉时用右手食指在左手掌心里默写白天学过的字，直到熟练了再学下一个字。《说文解字》一书共有540个部首，他每天坚持读两个到三个部首的字。就这样积少成多，花了一年的时间终于把这本十分难啃的书读完了。

> **知识窗**
>
> 英语是联合国的工作语言之一，也是国际交流语言。世界上60%以上的信件是用英语书写的，50%以上的报纸杂志是英语的。英语属于印欧语系中日耳曼语族下的西日耳曼语支，并通过英国的殖民活动传播到世界各地。

徐老在43岁时才开始学习英语，也是采用同样的方法。他给自己规定：每天学习一个生词，一个基本句型。这样，他一年就牢牢记下了365个基本词汇，365个基本句型。经过几年的努力，他用这种由少到多的学习方法，掌握了法文、德文和俄文等好几种外国语言。他说："我读书的办法总是以'定量'、'有恒'为主。不切实际地贪多，既不能理解又不能记忆。要理解，必须记忆基本的东西，必须经常'量力'才成。"

男孩该懂得的道理

书是知识的宝藏，给予人类无尽的财富；书是灵魂的钥匙，打开人类探索的大门。读书的方法有很多，而徐特立先生主张读书应当由少到多，积少成多，循序渐进。他是这么说的，也是这么做的，这也是他取得突出成就的原因。

男孩在学习新知识的时候，切忌贪多冒进。这样不但学不到更多的知识，还会对自己的信心造成打击。知识的掌握是一个积少成多的过程，并不在于学习的速度和数量，而在于学习的效果。

自学成才的赫胥黎

知识窗

赫胥黎（1825—1895年）是第一个提出人类起源问题的学者。曾任英国科学促进协会主席，伦敦大学校长。终身从事自然科学研究，积极宣传和捍卫达尔文的进化论学说。中国近代启蒙思想家、翻译家严复译述了赫胥黎的部分著作，以“物竞天择，适者生存”的观点号召人们救亡图存，对当时思想界有很大影响。

尽可能广泛地涉猎各门学问，并且尽可能深入地择一钻研。

——英国著名科学家　赫胥黎

赫胥（xū）黎是英国著名的博物学家，达尔文进化论最杰出的代表，被称为“达尔文的坚定追随者”。

他8岁开始上学读书，由于家境贫寒，只读了两年书就被迫停学了。赫胥黎非常热爱读书，退学以后，他每天坚持自学，为自己制定了严格的学习计划。在他制订的学习课程表上，只有一个项目：阅读。

即使是自学，在没有人监督的情况下，赫胥黎依然非常刻苦。每天天不亮他就起床读书。因为家里穷，没钱买书桌，赫胥黎就点亮了一支蜡烛，将毛毯披在肩上，坐在床上读书。他的兴趣相当广泛，对什么学科都感兴趣。开始时他想学土木工程，想搞桥梁建筑；后来又转到了医学方面，跟父亲的一个朋友专门学医。由于他聪明好学，很快就掌握了一些医学知识。但是当他想进外科学院进修深造时，因为年龄小的缘故，未能如愿。

赫胥黎求知欲非常旺盛，在学习上永不满足。在工作之余，他又自学了法、德、意、拉丁和希腊等语言。21 岁时，他以海军军医的身份，做了一生中最有意义的第一次冒险远航。赫胥黎根据远航的见闻，发表了一篇论文——《关于水母的解剖学》，受到了科学界的高度赞扬，并获得了皇家奖章，被选为皇家学会会员。

从此以后，赫胥黎在事业上迈开更大的步伐，很快成为当时英国最年轻、最有希望的科学家之一。

在达尔文发表《物种起源》后，赫胥黎竭力支持和宣传进化学说。为了捍卫达尔文的学说，他在以后的30年间，改变了自己的学术研究方向，转而研究脊椎动物化石。

在英国伦敦南部肯辛顿博物馆的达尔文雕像旁，无愧地屹立着赫胥黎的大理石像。这是后人为了纪念他在进化论学说上作出的重大贡献而建立的。

男孩该懂得的道理

依靠自学，赫胥黎在科学研究上成就了他伟大的一生。学习的动力主要来自个人内在的求知欲。一些外因如班级风气、学习环境或者家庭经济状况不能从根本上影响学习。相比赫胥黎，现在的学习环境比那时不可同日而语。所以，想有出息的男孩要珍惜现在的学习机会，把自己调整到一个极好的学习状态，以便很快地吸收知识。

第六章

好朋友就是一本好书

每个男孩的成长都会遇到各种各样的困境，在这个时候如果你有好朋友在身边，他们会给你带来很大帮助。有时朋友的一句话，或一个建议可以让你胜读十年书，少走很多弯路。人生如同风云，变幻莫测，难以预料，所以人都有需要帮助的时候。在这个时候，如果有朋友给你指点或支援就会让你化祸为福，如果你有烦恼和忧愁找一个朋友诉说就会减轻这些苦恼。

哲人爱默生说："要想有朋友，自己必须先够朋友。"男孩越懂事，就越能理解朋友的价值。真正成功的人，并不只靠自身的实力，其实他们更懂得与朋友合作，善待自己的朋友，进而整合人脉资源，创造更大的价值。换言之，成功不在于你赢过多少人，而在于你帮过多少人。你帮过的人越多，善待的地域越广，你成功的机会就越大。

卡耐基一生的挚友

友谊不用碰杯，友谊无须礼物，友谊只不过是我们不会忘记。

——中国当代作家、学者　王蒙

在卡耐基的一生中，友谊是其生活的重要组成部分。他说：“如果没有友谊，我就无法活下去。”

赫蒙·克洛依是来自卡耐基故乡玛丽维尔的作家，自幼就聪明过人。还在小学时代，就在《哈里》杂志上发表过文章，也算是小有名气。

> **知识窗**
>
> 戴尔·卡耐基是20世纪最伟大的心灵导师和成功学大师，他的教学构想开创了成人教育的先河。

卡耐基和他都是从玛丽维尔走向纽约的，但赫蒙·克洛依似乎更幸运些。他在《圣约瑟夫报》、《圣约瑟新闻》担任记者之后，找到了一个最适合他的职位——巴特瑞克出版社杂志编辑欧多干的助理。

刚开始时，他们两人并没有什么交往。在一次偶然的度假中，卡耐基遇上了克洛依，两人交谈起来，讲述了各自在纽约的奋斗经历。在后来的一系列交往中，逐步建立起了深厚的友谊，成为一生的挚友，关系一直持续到卡耐基逝世。

两人都有共同的兴趣爱好，喜欢旅游，而且还经常一同出去游泳。

一次游泳中，克洛依问卡耐基："亲爱的戴尔，为什么不尝试写作呢?"

"我正在积极地准备"。卡耐基兴奋地回答。

从此，卡耐基提起了笔，下定决心进行创作，在卡耐基一生的畅销书创作中，克洛依的帮助功不可没。

卡耐基对克洛依在他成功道路上起的作用非常感谢。为此，他特意在《影响力的本质》一书的扉页上写了一段话赠给克洛依，他这样写道："让我以最高的名誉把此书献给我最尊敬、最重要、最诚实的朋友。"

男孩该懂得的道理

对卡耐基而言，他对友谊的感受是非常深刻的，而他对增进友谊也是全身心地投入的。如果一个人孤独地在社会上生活，身边没有一个能够信赖的朋友，他的事业肯定是不会成功的。

在男孩的一生中，需要很多朋友，也需要几个志同道合的挚友，他们是我们的人生寄托，更会对我们的前途产生极大的帮助。古人曰："有朋自远方来，不亦乐乎!"道出了朋友间所凝聚的真情厚谊。可以说，充满真情、以情暖人是交友说话打动人心的要素，是赢得知心朋友的重要所在。

鲍叔牙举荐管仲

人之间的友谊，并非由于说不尽的好处，倒是说不出的要好。

——中国现代著名作家　钱钟书

知识窗

齐桓公（？—前643年），名小白，中国春秋时期齐国的国君，“春秋五霸”之首，前685—前643年在位。他在位期间任用管仲为相，改革齐政，使国富民强，“九会诸侯，一匡天下”成为春秋时期的第一个霸主。

春秋时期的管仲，自幼丧父，与母亲相依为命。他天资聪慧，遇事好动脑筋，总要刨根问底，也愿意接近当地一些贤士名流。

当时，管仲家庭生活困顿，为生计所迫，他想学做买卖。他先是把母亲编的草帽拿到集市上去卖。草帽编织精美，他觉得要价低了对不起母亲，就要高价。结果整整一天，一顶也没卖出去。正在管仲又饿又困的时候，鲍叔牙路过。经过一番交谈，管仲的学识、修养令鲍叔牙对他刮目相看。当他了解管仲的身世后，对他更为同情。鲍叔牙把管仲请到旅馆住下，与管仲纵论天下大事，他对管仲的才干十分钦佩。鲍叔牙对管仲说："如果你愿意，咱们俩合伙做买卖吧。"管仲正愁没有钱呢，双方一拍即合，成为结拜兄弟。

管仲家里贫穷，做买卖的本钱都是鲍叔牙的，但是赚来的钱，鲍叔牙总是把多的一半分给管仲。管仲很是过意不去，鲍叔牙说："朋友之间应当互相帮助。你家里不富裕，就别客气了。"

过了一段时间，鲍叔牙和管仲一起去当了兵。向敌方发动进攻的时候管仲总是躲在后面，撤退的时候他又跑在了前面。士兵们议论管仲怕死，鲍叔牙替他辩解说："管仲家里有老母亲，他保护自己是为了侍奉母亲，并不是真的怕死。"管仲听到这些话后非常感动，感叹道："生我的是父母，了解我的是叔牙啊！"

后来，齐桓公在鲍叔牙的帮助下取得王位。齐桓公继位后，鲍叔牙官封宰相，身居一人之下，万人之上。而管仲则帮助齐桓公的对手公子纠。公子纠被杀后，管仲被囚。鲍叔牙知道自己的才能远不如管仲，便对齐桓公说："管仲是天下奇才，大王若能得到他的辅佐，称霸于诸侯则易如反掌。管仲并非与你有仇，只是当初效忠公子纠而已。大王若能不计前嫌重用他，他也一定会忠于您。"

不久，齐桓公果真用了管仲，在管仲和鲍叔牙的辅佐下，齐国渐渐强盛起来。齐桓公终于成为春秋时期的第一个霸主。

男孩该懂得的道理

哲人爱默生说："要想有朋友，自己必须先够朋友。"高尚的人不会因朋友在学习或事业上有好的成绩而感到烦恼甚至心怀忌妒。

男孩在遇到比自己优秀的人时不应该一味地忌妒。水清则无鱼，人清则无友。对朋友求全责备的人，往往是孤家寡人。管鲍之交是我国千古流传的一段佳话，他二人能够互相理解和信任，同舟共济，共谋大业，实在是古今交友的典范。

最伟大的友谊

友谊是一种相互吸引的感情，因此它是可遇而不可求的。

——法国思想家、文学家　罗曼·罗兰

科学共产主义的主要创始人卡尔·马克思，1818 年诞生在德国的特里尔镇，父亲是律师。马克思 17 岁时进入波恩大学攻读法律，随后又转入柏林大学，最后在耶拿大学获得哲学博士学位。

此后马克思开始从事新闻工作，在科隆为《莱茵报》当过一段时间的编辑。但他那激进的政治观点，不久就给自己惹出了是非，于是便迁居到巴黎。在那里他遇到了弗里德里希·恩格斯，相同的政治观点使两人成为最亲密的战友，从此结下了终生的友谊。1848 年，马克思和恩格斯共同起草了拥有最广泛读者的著作《共产党宣言》，对世界的发展产生了巨大的影响。

当年，虽然马克思当记者时赚了些钱，但是他大部分的时间都在伦敦搞研究，撰写有关政治学和经济学的著作，在那段年月里，马克思和他的一家主要靠恩格斯的慷慨捐助来维持生计。马克思最重要的著作《资本论》第一卷于 1867 年问世。1883 年马克思去世，另两卷还没有写完，后来恩格斯根据马克思遗留下来的笔记和手稿编辑整理出版。

知识窗

耶拿大学，全名耶拿市弗里德里希·席勒大学，是一所公立大学，位于德国图林根耶拿市，创立于 1558 年，是德国最古老的大学之一。耶拿大学的光学专业历史悠久富有盛名，而德语专业硕士则被评为德国十大最好的名牌硕士专业。

马克思与恩格斯甘苦与共，直至生命最后一天，他们的真诚友谊令人称道。其实，他们相处期间也曾有过误会，是宽容使他们冰释前嫌，和好如初。

事情发生在 1863 年 1 月，恩格斯的妻子玛丽逝世，这引起了恩格斯极大的痛苦。他写信给马克思，希望能得到他的安慰。这时，马克思的处境也十分艰难。在回信中，他只用了一句话对玛丽的死表示不幸，接着就倾诉自己的困境。

恩格斯看后十分气愤，再次写信斥责马克思，并暗示要与这位共处了20年的老朋友绝交。马克思看完信后非常不安，他写信承认自己的过错，并做了耐心解释。马克思的坦率与真诚的态度感动了恩格斯，恩格斯随即去信表示了谅解，二人终于言归于好，直至马克思去世，他们都是最为诚挚的朋友。

马克思与恩格斯有共同的人生信念和奋斗目标，二人一见如故，从此成为最亲密的战友，他们之间的友谊直到生命火焰的熄灭，被誉为是“最伟大的友谊”。

男孩该懂得的道理

男孩在自己的生涯中，要接触各种各样的机缘，结交众多的朋友。但是，男孩在奋斗过程中对同甘共苦的朋友的思念，是他一生中最为珍贵的记忆。

你也希望拥有持久的友谊吗？那么，你应该选择有共同理想和志向的人做朋友。彼此间有相同的人生追求，向着同一目标奋斗，彼此交流的东西就要多一些，维持长久友谊的可能性也会大一些。

求对手帮一个忙

没有彼此的敬重，友谊是不可能有的。

——苏联教育家、作家　马卡连柯

美国早期著名社会活动家本杰明·富兰克林利用这项原则，将敌人变成了朋友。当时，富兰克林还是一个年轻人，他把所有的积蓄都投资在一家印刷厂里。他又想办法使自己获选为费城州议会的文书办事员。这样一来，他就可以获得为议会印文件的工作。那样可以获利很多，因此他当然不愿意失去文书办事员的好职务。可是出现了一个不利的情况，议会中最有钱又最能干的议员之一却非常不喜欢富兰克林。他不但不喜欢富兰克林，还公开斥骂他。这种情形非常危险，因此，富兰克林下决心让对方

知识窗

亚述巴尼拔图书馆是现今已发掘的古文明遗址中，保存最完整、规模最宏大、书籍最齐全的图书馆。在时间上要比埃及著名的亚历山大图书馆早400年，而且由于泥版图书的特殊性，没有像亚历山大图书馆一样毁于战火，大部分都保存了下来。

喜欢他。

难道给敌人一些小恩小惠就能解决这道难题吗？当然不能，反而会引起对方的疑心，甚至会轻视你。

富兰克林太聪明了，不会弄出那样的窘境。于是，他采取了一个相反的办法，他去请求政敌来帮他一个小忙。

富兰克林做了一件使政敌高兴的事，请求他的对手借给他一本书，使对方的虚荣心得到了满足，让对方觉得获得了尊重。这项请求很巧妙地表示出富兰克林对对方的知识和成就的仰慕。

下面就是富兰克林自己的叙述：

“听说他的图书室里藏有一本非常稀奇而特殊的书，我就给他写一封便笺，表示我极欲一睹为快，请求他把那本书借给我几天，好让我仔细地阅读一遍。”

“他马上叫人把那本书送来了。过了大约一个星期的时间，我把那本书还给他，还附上一封信，并诚恳地表达我的谢意。”

“于是，下次当我们在议会里相遇的时候，他居然跟我打招呼（他以前从来没有那样做过），并且极为有礼貌。自那以后，他随时乐意帮忙，于是我们变成很好的朋友，一直到他去世为止。”

男孩该懂得的道理

富兰克林所运用的心理办法，也就是请求别人帮你忙的心理办法，时至今日仍然十分有效。不要总把自己当成中心，这样你才能学会尊敬别人。人与人之间的交往都是投桃报李，以心交心的。你尊敬别人，其实也就是在尊敬你自己。

男孩很容易盲目地自以为是，这对自己来说是非常危险的。自以为是会让自己放弃努力，同时还会孤立自己，在生活中处处碰壁。要想和他人友好相处，就要做到平等相待，不能以高人一等的态度对待别人或指挥别人。

马克·吐温的黑人朋友

长期在一起同甘苦共患难，才能有莫逆之交。

——古罗马著名政治家、演说家　西塞罗

马克·吐温年幼的时候，家里雇用了一个名叫山弟的黑人孩子。山弟的父亲是山弟唯一在世的亲人。

有一年，山弟的父亲去世了，山弟非常悲伤，他经常一个人在大树下发呆。年幼的马克·吐温还体会不出生离死别的悲痛，只觉得山弟一个人发呆的样子很好笑，便想捉弄他。就在这时，马克·吐温的母亲走了过来，轻声说："山弟刚刚失去了亲人，他很痛苦，所以他才变成这个样子。你应该同情他，而不应该取笑他，甚至捉弄他，懂吗？"马克·吐温似懂非懂地点点头。

山弟毕竟也是个孩子，没过几天，从他的表情上已看不出那么伤心了。有一天，他突然高兴起来了，心情看上去很不错，还哼着小曲。马克·吐温感到难以理解，就去问母亲："您说山弟失去了亲人，应该很痛苦，可怎么这么快他又高兴起来了呢？山弟是不是个无情的人啊？"母亲摇摇头笑着说："其实，山弟是个勇敢的孩子！家里发生那么大的事，一个人默默地承受着。看他前几天老是发呆，我还真替他担心呢！现在他总算度过那段最伤心的日子，我们应该为他高兴才对呀！"马克·吐温又是似懂非懂地点点头。

知识窗

《汤姆·索亚历险记》是美国著名小说家马克·吐温的代表作，是"一首美国黄金时代的田园牧歌"，发表于1876年。小说主人公汤姆·索亚天真活泼，富于幻想和冒险，不堪忍受束缚个性、枯燥乏味的生活，幻想干一番英雄事业。

在以后的日子里，马克·吐温经常想到这件事，想到发呆时的山弟，又想到欢笑中的山弟。他觉得还是快乐中的山弟更可爱些，怎么才能让他拥有更多的笑容呢？于是他开始尝试分析每个人的心理，揣测人的感情。他认为世上的欢乐有时要自己去寻找，或者自己去创造，像山弟。他唯一的亲人永远离开了他，当然是很痛苦的事情，痛苦是很正常的。但如果一味痛苦下去又是很伤感情和身体的，所以山弟做得对，应该想办法从痛苦中解脱出来，高兴地面对生活。

马克·吐温一生始终保持着纯真、乐观的个性，他用诙谐、幽默的文字创作了《汤姆·索亚历险记》和《哈克贝利·费恩历险记》两部名著，字里行间充满了人情味和爱的温暖，给人们带来了智慧和快乐。

男孩该懂得的道理

微笑是一种富有感染力的表情，它证明你的内心不带虚饰的自然的喜悦，你的情绪快乐一下便会影响到你周围的朋友，给他们留下美好的第一印象。假如我们希望被别人接受，那我们必须时刻保持微笑，因为没有人愿意去接近一个脸上阴云密布的男孩。

成为一个面带微笑的男孩吧，你会交到更多的朋友。人们会需要你的帮助，而且会骄傲地把你当做他们中的一员。只有内心快乐，你的笑容才是真诚的；只要内心快乐，你的笑容就不用刻意伪装。

取玻璃球的游戏

真挚的友谊犹如健康，不到失去时，无法体味其珍贵。

——英国作家、哲学家　培根

亮亮的性格有些像爸爸，不是很活泼，平时不太愿意跟别人交流，就算是玩，大部分时间也是一个人。面对这种情况，妈妈跟亮亮的班主任沟通了一下，老师答应好好给亮亮上一课，好让亮亮明白与人合作的重要性，并且力邀妈妈去听讲。

知识窗

人的五根手指，名称各有不同：拇指是最粗大的一只；离拇指最近的手指常用来品尝食物的味道，所以称食指；位于手掌中央的叫中指；无名指是用来戴戒指的手指，结婚后就会由无名分而变成有名分，所以就叫无名指；小指位于尾端最细小的一只手指头，所以也叫尾指。

这天，妈妈应邀来到学校，悄悄地坐在教室后面。上课后，老师特意把亮亮请上讲台，让他伸出自己的手，分别谈一下每根手指的优势和长处。亮亮说道：“大拇指可以用来赞扬别人，食指可以用来指示事物，小指可以用来勾东西，中指可以……”不等亮亮把话说完，台下的学生纷纷帮他说了许多每个手指的其他优势。

这时，老师笑眯眯地拿出一只玻璃杯，只见玻璃杯里面有几个玻璃球。老师对大家说：“现在我们做一个游戏，请你们把玻璃球从玻璃杯里取出来，每个同学只有一次机会。你们可以用你们认为最有本事的那个手指把玻璃球从杯子里取出来！记住，只能用一个手指。”

孩子们的热情被老师鼓舞起来了，教室里的气氛非常热烈。每个同学都认真地走上去，用他们的手指去取玻璃球。但是，不管他们怎么努力，玻璃球就是取不出来。孩子们都很着急。

这时，老师再次对孩子们说：“好了，你们可以邀请另外一个手指与原来那个手指合作，一起来取玻璃球。”这次，孩子们都成功地把玻璃球取了出来。

活动做完了，老师对孩子们说："现在你们应该明白了，一个人无论有多大的才能，他总有无法独立完成的事情，可见朋友之间的合作是多么的重要。"

亮亮顿时恍然大悟。从此，他也变得活泼起来，主动与人交流了。

男孩该懂得的道理

亮亮的老师通过一个好玩的游戏，告诉了他朋友之间合作的重要性。在日常生活中，有很多事情必须要两个或两个以上的人合作才能完成，只凭一个人的力量是无法做到的，所以一定要重视朋友之间的交往。

有一个互相关心、志同道合的合作伙伴，可以说是合作成功的一半。孩童世界中尚无多少涉及根本利益的合作行为，有的不外乎是一块游戏玩耍之类的事。事虽小，然而能否选择恰当的合作伙伴，捕捉正确的合作时机同样事关合作的成败。

徐光启与利玛窦

在友谊里，不用言语，一切的思想、一切的愿望、一切的希冀都在无声的欢乐中发生而共享了。

——黎巴嫩诗人、作家　纪伯伦

知识窗

《授时历》由郭守敬等人编制，为元朝至元十八年（公元1281年）实施的历法名，因元世祖忽必烈封赐而得名。其法以365.2425日为一岁，距近代观测值365.2422仅差26秒，精度与公历相当，但比西方早采用了三百多年。

徐光启是我国明朝时期著名的政治家、科学家，他对天文、立法、农业等都有很深的研究。利玛窦来自意大利，师从著名的数学家克拉维乌斯学习天文历法。他在明朝万历年间来到中国，做了一名传教士。他对中国的文化非常感兴趣，很快就成了一个“中国通”。

徐光启从小就对农学和数学非常感兴趣，希望能利用科学技术，为天下百姓造福。有一次，他听到了关于利玛窦的情况，非常敬佩他的才华和学识，便专程去南京拜访。利玛窦对徐光启也早有耳闻，也非常敬佩徐光启。后来，利玛窦去了京城，被允许在京城传教，这样，两人就有了更多见面的机会。很快，他们成了无话不谈的好朋友。徐光启为了向利玛窦学习科学知识，就和利玛窦吃住在教堂里。他们一起翻译了欧基里得的《几何原理》，将欧洲的数学理论介绍到了中国。

徐光启和利玛窦交往密切，引起了一些保守派人士的批评和刁难。有一次，礼部侍郎沈傕写了一篇文章，含沙射影地说朝廷里有人听信传教士的"胡言乱语"，成了别人的"宣传工具"。他还在文章里提出，应把西方传教士赶出去。当时徐光启在翰林院专门负责给皇帝起草诏书，他见了这篇文章非常生气，就马上上书给皇帝说："这篇文章虽然没有指名道姓，但是，满朝文武谁不知道我跟外国传教士有来往？我跟他们在一起是研究天文、立法、水利，不是为了个人私利，而是要将他们的知识介绍过来，为天下黎民百姓造福。"由于徐光启光明磊落，皇帝没有怪罪他，还特意提拔他做了礼部侍郎。

徐光启最大的贡献就是和传教士们合作修订了《大统历》。元朝大学者郭守敬曾编写了《授时历》，后来使用中误差越来越大，于是朝廷决定重新修订立法，让徐光启负责。当时利玛窦已经去世了，徐光启就带领一些天文学家和另外几个传教士，认真观察，精确计算，终于完成了立法的修订工作。我们今天用的农历，就是当年徐光启主持修订的。友谊之花终于结出了硕果。

男孩该懂得的道理

真正的朋友值得你用一生相守，真挚的友谊值得你用一生追求。尊重你的朋友，信赖你的朋友，爱护你的朋友，珍惜你的朋友，你们的友谊才能长久。

友谊对每个男孩来说都是不可缺少的，如果没有友情，生活就不会有悦耳的和音，在没有友谊和仁爱的人群中生活，那种苦闷正如一句古代拉丁谚语所说："一座城市如同一片旷野。"人们的面目淡如一张图案，人们的语言则不过是一片噪声。

第七章

管好自己才能把握未来

所谓自制力，就是一个人控制自己思想感情和举止行为的能力，既善于激励自己勇敢地去执行采取的决定，又善于抑制那些不符合既定目的的愿望、动机、行为和情绪。人区别于动物的根本点之一，就在于人是有思想的，因而可以按照一定的目的，理智地控制自己的感情和行动。自制力是坚强的重要标志。与之相反是任性，就是对自己持放纵态度，对自己的言行不加约束、任意胡为，不考虑行为的后果。

男孩最终是否优秀，是否比其他男孩子懂事，能否获得真正的快乐和成功，并不完全取决于勤劳和勇敢，也不完全取决于学习成绩，还取决于自我管理能力，它是向成功冲刺的关键因素之一。懂事的男孩一定能做到自我约束、自我管理，一定能不断进取、超越自我。

成功前最需要的是坚持

无论什么时候，不管遇到什么情况，我绝不允许自己有一点点灰心丧气。

——美国著名发明家　爱迪生

> **知识窗**
>
> 阿尔卑斯山脉，是欧洲最高的山脉，位于欧洲南部。西起法国尼斯附近地中海岸，经意大利北部、瑞士南部、列支敦士登、德国南部，东至奥地利的维也纳盆地，呈弧形东西延伸，长约1200千米，宽130～260千米，平均海拔3000米左右。

大约在一百年前，一个英国富家少年跟随旅游团来到了瑞士，准备跟随大人们一起攀登阿尔卑斯山。然而在山脚下，面对高耸入云的山峰和一眼望不到尽头的山脉，这个少年却被大山雄伟的气势震慑住了。令他吃惊的是，世界上还有这么高大的山峰，比他家后面的山峦高多了。往日，这个少年爬他家后面的那座小山还感觉吃力，看着眼前这座大山，他心里有些畏缩了。

这时，有一位年迈的老人已经开始登山，他在一步一步地向上挪动，老人的步履明显迟缓，但却坚定，这使这个少年受到了鼓舞。于是，这个少年也迈出了第一步。在爬山的过程中，每当他累得气喘吁吁产生放弃的念头时，他便抬头去望那位老人不停向上移动的身体。每当这个少年看到那个老人向上攀爬的身影时，他都会重新树立信心。虽然一次次地摔倒，但他又一次次地爬了起来，坚持到最后，终于成功登上了山顶。站在山顶俯瞰山下，他发觉一切都变得那么渺小！

登山的经历给他留下了难忘的印象，也使他明白了一个道理：无论做任何事情，只要坚持下去，总会有希望成功！

后来有一次，这个少年与几个小伙伴相约去划船、游泳。正当他们游得惬意的时候，湖面上突然刮起了一阵风，小船随风飘走了。没有船他们就无法上岸啊！这下可急坏了这群孩子，他们见势不妙，便拼命地追赶小船，一直追了大约一千米，就在距离小船只有五十多米的地方，小伙伴们实在游不动了，其中有两个小伙伴干脆停下来，说什么也不往前游了。这时，这个少年也一样精疲力竭，他自言自语地说："难道今天真是我的难日吗？不，绝不！只要我还有一口气，我就要坚持！那么高大的阿尔卑斯山不是曾经被我踩在了脚下吗？"

于是这个少年竭尽全身气力，坚持游到了小船边，他上船后调转了船头，救起了那些已经筋疲力尽的同伴们。这件事像那次登山一样，使这个少年更坚定了在困难面前坚持到最后的必胜信念。

这个富家少年就是温斯顿·丘吉尔。30 年后，他当上了英国首相。在第二次世界大战期间，当纳粹的铁蹄几乎踏遍了欧洲大陆的严峻时刻，丘吉尔表现出了临危不惧的精神，领导英国人民坚持抵抗，与世界正义力量一起战胜了法西斯，赢得了英国人民的尊敬。

男孩该懂得的道理

成功与失败往往只有一线之隔，不经意间我们就会跨过界线获得成功，然而我们常常站在这条界线上却浑然不知。多少人只要再多一点战胜困难的勇气，就会取得成功。遗憾的是，在这紧要关头很多人都被困难吓倒了。他们怀疑自己的能力，甚至怀疑自己准备努力的目标是否能实现。成功需要信心，越是成功近在眼前的时候，往往就越需要坚持。男孩在成长道路上，必然要经历困难，只要你正视困难，敢于挑战困难，相信风雨过后，必将是美丽的彩虹。

“围棋皇帝”的成长

小不忍则乱大谋。

——《论语·卫灵公》

曹薰铉从小就在围棋方面表现出超人的天赋……

1962年，不到10岁的曹薰铉就成为韩国棋院的职业棋手，创下了当时入段最小年龄纪录。在第二年就升为二段，成为名噪一时的围棋“神童”。一些有识之士努力促成他去日本学棋。过了一年，曹薰铉终于成行。

曹薰铉到日本后不久的一天，有人带他去濑越宪作家里做客。当时濑越宪作已近70岁了，已经没有再收弟子的意思。此前，曾有人提议他收曹薰铉为弟子，他以自己年事已高为借口婉言拒绝了。然而，曹薰铉的出色表现让他彻底改变了自己的想法。

在跟随濑越学棋过程中，曹薰铉的一次随意之举险些误了自己的前程。在曹薰铉15岁那年，有一次，争强好胜的他与一位相熟的六段棋手赌上气了，两人平时就经常下棋，互有胜负。这一次，这位棋手故意挑起事端说："我们来一盘棋怎么样？一盘100元。"听罢这话，曹薰铉马上予以拒绝，因为濑越先生严禁学生下棋赌钱。曹薰铉是万万不敢违抗的。看到曹薰铉不同意，旁边的一些棋手不断怂恿他："下吧！一盘棋100元根本算不了什么，这是为了让比赛有点看头！"这些话激起了向来不服输的曹薰铉，他经受不住众人劝诱，就顺从了对方，两人摆开阵式与对手下了起来，结果是他6盘全胜。

知识窗

濑越宪作是日本近代屈指可数的围棋大家，他为中国、日本、韩国各调教出一位绝世高手，这三位高徒就是："二十世纪的棋圣"吴清源，"不死鸟"桥本宇太郎和现在的"围棋皇帝"曹熏铉 。他的主要著作有1950年完成的《御城棋谱》（十卷），1959年完成的《明治棋谱》。

曹薰铉当时是痛快了，可这件事气坏了他的老师。濑越愤怒地对曹薰铉说："你现在就收拾行李走吧！从现在开始，我们的师徒关系结束了！"他被老师赶出了家门，面对这突如其来的一切，曹薰铉感到十分内疚。当初，为了能让自己赴日学棋，许多人付出了心血，如今学业未成，他回去如何交代啊！他追悔莫及，痛不欲生。

出了濑越宪作的家门，曹薰铉神情恍惚，整天像流浪儿一样在街面游荡。这样过了一段时间，在众人的求情之下，濑越先生出于对棋才的怜惜，终于动了恻隐之心，同意让曹薰铉再次回到自己的身边。

经历了这段刻骨铭心的教训之后，曹薰铉再也不敢触犯学规了。他一心学棋，终于成为一代“围棋皇帝”。

男孩该懂得的道理

驾驭自己其实就是生命中一个不断学习的过程，从简单的事开始，逐步地去除任性、情绪失控及坏的生活习惯，养成自我节制、不轻易发怒及好的生活习惯。

男孩应该知道，要想驾驭自己、克制自己，首先就要对客观的事物有个实事求是的态度才成。否则，心态偏激，如何才能对自己驾驭得了？驾驭自己是一个古老的话题。男孩，都是有情绪的，而情绪，总会因外界的刺激而产生相应的变化。

台球名将之死

一个人如果能够控制自己的激情、欲望和恐惧，那他就胜过国王。

——美国古典音乐作曲家　约翰·米尔顿

1965 年 9 月 7 日，世界台球大赛在纽约进行。经过一番紧张而激烈的角逐，最后的冠军争夺战将在路易斯·福克斯和约翰·迪瑞之间进行。

路易斯·福克斯和约翰·迪瑞都是台球界的顶尖高手，观众们在静静地观看着比赛的进展。福克斯得分已遥遥领先，他只要再得几分，这场比赛就将宣告结束。全场都屏住呼吸，大家都在等待冠军的产生。

知识窗

台球起源于英国，是14世纪伦敦一位当铺老板为娱乐消遣而发明的。最早的台球，桌面上只有两个白球，后来法国人觉得缺少挑战性，就增添了一个红球并在打法上做了改进。最后英国人又将其发展成为现今十分流行的落袋台球。

福克斯洋洋自得地准备做最后几杆漂亮的击球，结束这场已经没有悬念的比赛。而迪瑞则沮丧地坐在一个角落里，等待着败局的来临。

可是，正当福克斯俯下身子开始击球时，突然在那死一般沉寂的赛厅里出现了一只苍蝇，嗡嗡作响。它绕着球台盘旋了一会儿，然后落在了主球上。

福克斯微微一笑，轻轻地一挥手，“嘘”一声赶走了苍蝇。他又盯着台球，伏下身子准备击球。可是这只苍蝇第二次来到台盘上方盘旋，而后又落在了主球上。于是观众中发出了一阵紧张的笑声。

福克斯又轻嘘一声将苍蝇赶跑了，他的情绪并没有因为这种干扰而波动。但是这只苍蝇第三次回到了台盘上。观众中发出了一阵狂笑。

原先冷静的福克斯这次再也不能冷静了。他用球杆去捣那只苍蝇，把它赶走。不料球杆擦着主球，主球滚动了一英寸。苍蝇是不见了，可是由于福克斯触及了主球，他就失去了继续击球的机会。

迪瑞见状信心大增，充分地利用这一幸运的机会，打得极漂亮，长时间地连续击球，直至比赛结束。

迪瑞夺得了台球世界冠军，并拿走了四万美元奖金的大部分。而福克斯在占尽优势的情况下，反而丢掉了比赛。这成为当时报纸的一大热点。

那天夜里，福克斯离开赛厅时，宛如在奇怪的梦幻中游走。第二天早晨，人们在冰冷的河里发现了路易斯·福克斯的尸体。他丢掉了比赛，而又不堪容忍这个结局，所以投河自杀了。

男孩该懂得的道理

只是因为一只苍蝇，却落到这样的下场，实在令人痛惜。但如果那位冠军当时能以大局为重，控制好心态，遗憾便不会发生。生活中谁都难免遇到一些烦恼之事，如果任由怨恨的情绪滋生，便会被愤怒冲昏头脑，做出不理智的事。因此，每个人都要理智地对待不愉快的事情，善于控制和调整自己的情绪。

男孩子要明白，自制力是能够控制自己、支配自己并自觉调节自己行为的能力。它表现为既善于促使自己去完成应当完成的任务，又善于抑制自己的不良行为。培养自己的自制能力对于今后走入社会具有重要的意义。

承受极限训练

成功的秘诀就在于懂得怎样控制痛苦与快乐这股力量，而不为这股力量所反制。如果你能做到这点，就能掌握住自己的人生，反之，你的人生就无法掌握。

——美国著名心理学家　安东尼·罗宾斯

一位年轻人被分配到一个海上油田钻井队工作。在海上工作的第一天，领班要求他在限定的时间内登上几十米高的钻井架，把一个包装漂亮的盒子拿给在井架顶层的主管。年轻人抱着盒子，快步登上狭窄的、通往井架顶层的舷梯。当他气喘吁吁、满头大汗地登上顶层，把盒子交给主管时，主管只在盒子上签下自己的名字，又让他送回去。于是，他又快步走下舷梯，把盒子交给领班。而领班也是同样在盒子上签下自己的名字，让他再次送给主管。

年轻人看了看领班，犹豫了片刻，又转身登上舷梯。当他第二次登上井架的顶层时，已经浑身是汗，两条腿抖得厉害。主管和上次一样，只是在盒子上签下名字，又让他把盒子送下去。年轻人擦了擦脸上的汗水，转身走下舷梯，把盒子送下来，可是，领班还是在签完字以后让他再送上去。

年轻人终于开始感到愤怒了。他尽力忍着不发作，擦了擦满脸的汗水，抬头看着那已经爬上爬下了数次的舷梯，抱起盒子，步履艰难地往上爬。当他上到顶层时，浑身上下都被汗水浸透了，汗水顺着脸颊往下淌。他第三次把盒子递给主管，主管看着他慢条斯理地说："把盒子打开。"

年轻人撕开盒子外面的包装纸，打开盒子——里面是两个玻璃罐：一罐是咖啡，另一罐是咖啡伴侣。年轻人终于无法克制心头的怒火，把愤怒的目光射向主管。主管又对他说："把咖啡冲上。"此时，年轻人再也忍不住了，"啪'的一声把盒子扔在地上，说："我不干了。"说完，他看看扔在地上的盒子，感到心里痛快了许多，把刚才的愤怒全都发泄了出来。

> **知识窗**
>
> 极限训练，是指在装备和各种条件所能承受的极限上进行训练，使受训者的体能、技能的潜能和心理承受能力得到最大能级的训练和强化。

这时，主管站起身来，直视他说："你可以走了。不过，看在你上来三次的分上我可以告诉你，刚才让你做的这些叫做承受'极限训练'。因为我们在海上作业，随时会遇到危险，这就要求队员们有极强的承受力，能承受各种危险的考验，只有这样才能成功地完成海上作业任务。很可惜，前面三次你都通过了，只差这最后的一点点，你没有喝到你冲的甜咖啡。现在，你可以走了。"

男孩该懂得的道理

忍耐与承受是一种意志的反映，也是一项重要素质。在人生的磨炼中，心理极限的承受比身体的考验更重要，只有过了心理关，才能算一个合格的人。

面对他人的“激将法”，聪明的人是不会上这个圈套的。你应该记住一位哲人的忠告：忍耐是消除一切烦恼的良药。一个人可能改变不了身边的环境，但是可以改变自己。改掉自身的浮躁，这样就可以稳稳地立足于社会，在未来的人生道路上经受得住风雨的洗礼。

“软糖”实验

人生路上的种种诱惑，都是防不胜防。他们就如细菌一般无孔不入，腐蚀你的生命之树，让你陷入万劫不复之中。

——佚名

有位心理学家为了测试自制能力对孩子们人生的影响，曾做过这样一个实验。

他把一些4岁左右的孩子带到一间陈设简陋的房子，然后给他们每人一颗非常好吃的软糖，同时告诉他们，如果马上吃软糖只能吃一颗；如果20分钟后再吃，将奖励一颗软糖，也就是说，总共可以吃到两颗软糖。

讲完这个规则，他就出去了，同时吩咐助手观察和记录孩子们的反应。

在这20分钟里，有些孩子急不可待，马上抢过去把软糖吃掉了。

有些孩子则能耐心等待，暂时不吃软糖。他们为了使自己耐住性子，或闭上眼睛不看软糖，或头枕双臂自言自语……这些孩子终于吃到两颗软糖。

知识窗

心理学是研究心理现象和心理规律的一门科学。“心理学”一词来源于希腊文，意思是关于灵魂的科学。随着科学的发展，心理学的研究对象由灵魂改为心灵。直到19世纪初，德国哲学家、教育学家赫尔巴特才首次提出心理学是一门科学。

实验结束以后，心理学家继续跟踪研究参加这个实验的孩子们，一直到他们高中毕业。

跟踪研究的结果显示：那些能等待并最后吃到两颗软糖的孩子，在青少年时期，仍能等待机遇而不急于求成，他们具有一种为了更大更远的目标而暂时牺牲眼前利益的能力，即自控能力。

而那些急不可待只吃一颗软糖的孩子，在青少年时期，则表现得比较固执、虚荣或优柔寡断。当欲望产生的时候，无法控制自己，一定要马上满足欲望，否则就无法静下心来继续做后面的事情。

换句话说，能等待的那些孩子的成功率，远远高于那些不能等待的孩子。

男孩该懂得的道理

在你们的学习生活中，也有很多“软糖”诱惑着你们了，你们能否等待呢？就像课堂中，聊天说话的诱惑就相当于“软糖”，如果你能抵制诱惑，能够等待，那你的学习效率就会大大提高，如果你不能等待，吃到了“软糖”，同时也丢失了很多。

这个花花世界的诱惑确实太多，而学会约束和驾驭自己则是男孩必学的功课。每个男孩都应该学会自制，在恰当的时候享用“软糖”，做个学会等待的优秀学生。

木桩上的钉子

测量一个人的力量的大小，应看他的自制力如何。

——意大利中世纪诗人　但丁

一个叫杰克的小男孩，脾气很暴躁，总也控制不住自己。父亲为了改变他这种情况，一天拿过一大把铁钉和一把修拖拉机时用的小锤子对他说：“杰克，你以后想要发怒的时候就跑到门口的那根粗木桩那里，用这把锤子狠命地砸进去一颗钉子，想发怒一次就钉一颗钉子。”

小男孩很高兴地接过了钉子和锤子。于是每当他想发怒的时候就跑到家门口的木桩那里，狠命地砸进去一颗铁钉，最多的一天他甚至向木桩里钉进去100颗钉子。每当他没有了钉子就找父亲要，父亲很爽快地就给他了。慢慢地，小男孩对钉钉子感到非常地厌烦了。

又一天父亲对他说道：“杰克，每当你感到心情不错时就从木桩上取下一颗钉子吧！”听完了父亲的话，小男孩就走到木桩那儿取下了一颗钉子。他发现，取出钉子要比钉钉子难多了。可从那一天开始，小男孩每天往大木桩上钉的钉子越来越少了，而取出的钉子越来越多了。终于有一天，他不再向木桩上钉钉子了。那天，父亲亲切地表扬了他，小男孩心里喜滋滋的。

直到有一天，小男孩把所有的钉子都取出来了。父亲带他来到那根大木桩跟前，对小男孩说道：“你知道取钉子为什么比钉钉子难吗？这是因为责备辱骂一个人是一件很简单的事，可想要重新获得友谊却很难。你再看看这根木桩，虽然你把所有的钉子都取了出来，可你钉钉子留下的伤痕却永远去不掉了。不要轻易伤害你的亲人朋友，因为这种伤害即使再怎么弥补，不论再过多少年，伤

知识窗

拖拉机分为轮式和履带式两种。早在蒸汽汽车诞生后不久的19世纪30年代，就有人设想给汽车轮子套装“履带”，让沉重的蒸汽汽车能在松软的土地上行走。1904年，加利福尼亚的工程师霍尔特设计制造了“77”型蒸汽拖拉机，这是世界上第一台履带式拖拉机。

痕永远也去不掉。”

男孩该懂得的道理

人不可能完全避免坏情绪，为了亲情、友情、爱情而烦恼尚可理解，可是，如果为了一些和自己没有任何关系的人让自己情绪变坏，并受制于他，这是十分愚蠢的。

很多男孩总是抑制不住自己的暴脾气，动不动就想发火。但你知不知道，你每发过一次脾气，在朋友的心灵上留下的创伤也要很长一段时间才能磨灭，甚至到永久。实际上，发火只能说明自己的无能，关闭一扇扇本来向你敞开心灵的大门。失去一次和学生平等交流的机会，以后再走进他们的心里就很难了。

向管理员道歉

美丽只有同谦虚结合在一起，才配称美丽。没有谦虚的美丽，不是美丽，顶多只能是好看。

——西班牙小说家　塞万提斯

拿破仑·希尔在创业生涯初期，通过一件小事发现自己缺乏自制力。这件事情虽然很小，但却给了他惨痛的教训，使他认识到一个人要想取得成功必须先学会驾驭情绪这匹烈马。

他这样描述自己经历的事情。

有一次，我和办公大楼的管理员发生了一场误会，当时我碍于面子没有向他道歉。从那以后，我们两个人之间彼此憎恨，甚至演变成激烈地敌对。后来，管理员知道有时整个办公大楼里只有我一个人在工作时，就把电闸拉下来，使办公室里面一片漆黑。这种事情一连发生了几次，我很愤怒。

一天，我正在办公室里紧张地工作着，电灯又熄灭了。我立刻跳起来，奔向管理员办公室。我到了那儿，管理员正在悠闲地吹着口哨。我气愤极了，觉得受不了了，就对着他破口大骂起来。我把能想出来的恶言恶语都用上了。那位管理员一点儿也没有生气的意思。后来，我实在想不起什么骂人的话了，只好停住。这时，管理员转过身，用柔和的语调对我说："你今天是不是太激动了？"他的话很柔软，但我却感到像一把利剑刺进了我的身体。我站在那儿，不知道说什么好。

知识窗

拿破伦·希尔是美国成功学励志专家，成功学、创造学、人际学的世界顶级培训大师，他创造性地建立了全新的成功学，他被称为"百万富翁的创造者"。

我是一个研究心理学的人，竟然对着一个没有多少文化的管理员大喊大叫，这实在是一件令人感到羞辱的事情。我决定向管理员道歉。

管理员见我又去了，仍然用温和的语调说："这一次你又想干什么？"言语中充满了挑战的意味。我告诉他我是来道歉的。

他说："你不用向我道歉。你今天所说的话，只有天知地知、你知我知，我不会把它说出去的，我知道你也不会把它说出去的，我们就这样了结了吧！"我被管理员的话震住了。他高度的自制力使我再一次被打败，我走上前去，紧紧地握住了他的手，真诚地向他表示歉意。

这件事使我认识到，一个人如果缺乏自制力，就有可能变得疯狂。这样，他不仅不能结交朋友，反而非常容易被打败。

男孩该懂得的道理

所有的男孩都有过受累于情绪的经历，似乎烦恼、压抑、失落甚至痛苦总是接二连三地袭来，频频抱怨生活对自己不公平，企盼某一天欢乐从此降临。

拿破仑·希尔用自己的亲身经历，向我们讲述了自制力对于一个人取得成功的重要性。一个人是否能够有所成就，机会和能力是最主要的，但是，学会控制情绪也是不可缺少的重要条件。

管宁和华歆

哪怕对自己的一点小小的克制，也会使人变得强而有力。

——苏联作家　高尔基

管宁和华歆在年轻的时候，是一对非常要好的朋友。他俩整天形影不离，同桌吃饭、同榻读书、同床睡觉，相处得很和谐。

有一次，他俩一块儿去劳动，在菜地里锄草。两个人努力干着活，顾不得停下来休息，一会儿就锄好了一大片。只见管宁抬起锄头，一锄下去，“咣”一下，碰到了一个硬东西。管宁好生奇怪，将锄到的一大片泥土翻了过来。黑黝黝的泥土中，有一个黄澄澄的东西闪闪发光。管宁定睛一看，是块黄金，他就自言自语地说了句："我当是什么硬东西呢，原来是锭金子。"说完，他便不再理会，继续锄他的草。

知识窗

管宁是管仲的后人，三国时期魏国的高士，从小就喜欢学习，饱读经书。三国时，魏国多次征召管宁，想让他去宫廷里做官，管宁都坚决不去。管宁故乡的人们为怀念他，褒扬他的高风亮节，为他建造了管宁祠，筑管宁冢，邻近5村无不以"管公"命村名。

"什么？金子！"不远处的华歆听到这话，不由得心里一动，赶紧丢下锄头奔了过来，拾起金块捧在手里仔细端详。管宁见状，一边挥舞着手里的锄头干活，一边责备华歆说："钱财应该是靠自己的辛勤劳动去获得，一个有道德的人是不可以贪图不劳而获的财物的。"

华歆听了，口里说："这个道理我也懂。"手里却还捧着金子左看看、右看看，怎么也舍不得放下。后来，他被管宁的目光盯得实在受不了了，才不情愿地丢下金子回去干活。可是他心里还在惦记金子，干活也没有先前努力，还不住地唉声叹气。管宁见他这个样子，不再说什么，只是暗暗地摇头。

又有一次，他们两人坐在一张席子上读书。正看得入神，忽然外面沸腾起来，一片鼓乐之声，中间夹杂着鸣锣开道的吆喝声和人们看热闹吵吵嚷嚷的声音，原来是一位达官显贵乘车从这里经过。

管宁对外面的喧闹完全充耳不闻，就好像什么都没有发生一样，继续端坐着读他的书。华歆却完全被这种张扬的声势吸引住了，急急忙忙地跑到街上跟着人群尾随车队细看。

等到华歆回来以后，管宁就拿出刀子当着华歆的面把席子从中间割成两半，痛心而决绝地说："我们两人的志向和情趣太不一样了。从今以后，我们就像这被割开的草席一样，再也不是朋友了。"

男孩该懂得的道理

华歆因为缺乏自制力而失去了管宁这个朋友，给了我们一个教训，告诉我们自制力的重要性。人的自制力虽然带有先天性，但后天的影响、教育、自身修养更为重要。自制力的培养跟其他能力的培养一样，应该越早越好。

自制力对人走向成功起着十分重要的作用。男孩要克服自己心理上的弱点，战胜自己，以求在人生中取得预期的成功。

卖瓜老农的绝活儿

人只一念之贪私，便销刚为柔，塞智为昏，变恩为惨，染洁为污，坏了一生人品。

——《菜根谭》作者　洪应明

从前有一个卖西瓜的老农，他的西瓜不仅又大又甜，而且他卖瓜从来不用过秤，什么样的瓜到他手里一掂量，就知道有多重，一抓一个准儿，从不失手，这手绝活让人拍手称奇。

老农瓜田附近的山上有一座寺庙，庙里的小和尚有时候也来买他的西瓜。有一天，小和尚跟庙中方丈提起瓜农手掂西瓜从无误差的事，言语中流露出对瓜农佩服得五体投地。方丈微微一笑，让小和尚拿一锭银子去瓜农那里买一个西瓜，并让他告诉瓜农，如果他真的能掂量得分毫不差，就把这锭银子全都送给他，小和尚按方丈的交代去了。

知识窗

“四大皆空”是一个佛教术语。不懂佛法的人往往以为“四大”就是指酒、色、财、气，其实这是不对的。佛教从印度传来，古印度称地、水、火、风为“四大”。“四大皆空”就是指世界上一切都是虚幻的。

见到瓜农后，小和尚按照方丈的吩咐，和瓜农如此这般一说，瓜农自然是喜出望外。他左挑右选找了一个最好的西瓜，小心翼翼地抱了起来。看着那锭白花花的银子，瓜农心想：我几年的收入也赚不到这么多银子啊，这次可千万不能失手。他用右手掂量了几下，感觉没有十分把握，又换成左手掂量，感觉也拿不太准。如此反复几次，他心里更加没底了，变得焦躁起来，这一急，头上便热汗直流，更令他觉得心慌。

为了慎重起见，他把瓜放下，重新纳凉歇气，又咕咚咕咚灌了一大碗凉茶，然后重新掂量。但即使如此，他最后说出的斤两和实际重量也差了半斤多！这种情况从未遇到过的，不仅他自己感到纳闷，连小和尚也感到十分惊讶。

小和尚回到庙里，问方丈这是怎么一回事。方丈笑着说："卖瓜老农只是一介俗人，不像出家人那样能够四大皆空。是俗人就会有贪欲，他见到这么一大锭银子，肯定会迫切地想要据为己有。越是想要得到心中就越紧张，紧张就会扰乱心绪。心绪一乱，心中的天平就必然会倾斜，即使掂量准了也会心生疑虑。假如是平常价格卖一个西瓜，瓜农心态平和，随手一掂量，当然一掂一个准啦。"

一番话让小和尚茅塞顿开。

男孩该懂得的道理

我们在成长的过程中，常常会遇到各种各样的诱惑，如果不加以提防，就很容易被这些诱惑所累，犯下愚蠢的错误。

从故事中我们可以悟出这样一个道理：无论遇到什么样的诱惑，都要保持一份从容淡定的心态。尤其是在少年朋友成长的过程中，淡定的心态是不可或缺的。

“顽童”的改变

征服自己的一切弱点，正是一个人伟大的起始。

——现代著名作家　沈从文

拉蒙·卡哈尔是西班牙科学家，他一生最大的贡献是正确揭示了人脑的神经结构，从而使人们对大脑功能的研究从猜测阶段走进科学时代。因而，卡哈尔被尊为脑神经医学的开山祖师，他的著述至今仍然被世界医学界奉为经典。

然而，谁曾想到，卡哈尔小时候却是一个冥顽不化的“淘气鬼”。卡哈尔的父亲是位乡村医生。这位老医生能医好许多乡亲的病，却无法管教好自己的儿子。

有一次，卡哈尔为了向邻居小孩显显身手，造了一门“大炮”。大炮一发射便闯下大祸，结果被警方拘留了3天。父亲差点被他活活气死，心地善良的母亲哭着偷偷地给他送饭。从此，邻居和学校老师都把卡哈尔看做“顽童”。

卡哈尔的父亲出于无奈，只好让他去学一门手艺。父母打算通过让孩子学手艺使他收心，然后再去读书。卡哈尔开始学理发，后来又学补鞋，这些手艺活儿他都学得不错。一年后，家里给他另找了一所学校，想让他再去上学。不料，他刚去了几天，又离校回家了。

此时，卡哈尔的父亲思来想去，最终决定由自己担负起教育儿子的责任。他开始用尸骨教卡哈尔学习骨骼。没想到，骨头的奇特形状一下子引发了这个“顽童”的好奇心。卡哈尔看着这些令常人毛骨悚然的东西，思维的闸门突然开启了。他向父亲提出一连串的问题，经常打破砂锅问到底，不弄明白不罢休。

从此，卡哈尔再没有那么淘气了，他把精力都用在了对人脑结构的思考上。在他父亲的指导下，卡哈尔开始了对脑神经的探索。17 岁时，他精心绘制了许多解剖学图谱。3 年之后，卡哈尔绘制的解剖图谱竟然达到了当时出版的水平。

知识窗

解剖学是医学的基础学科之一，是涉及生命体的结构和组织的生物学分支学科。解剖学的主要分支有比较解剖学、组织学和人体解剖学。要想查清病因和有效治疗，首先应了解、熟悉人体的结构，人体解剖学就是了解人体结构的学科。

后来，卡哈尔经过努力考上了萨拉戈萨大学医学院。25 岁时，他被聘为母校的首席解剖学教授。从此，他走上了探求脑神经科学的道路。经过多年孜孜不倦的探索，他揭开了人脑神经结构的面纱，成为脑神经医学的开山鼻祖，并荣登诺贝尔医学生理学奖的神圣殿堂。

男孩该懂得的道理

男孩子爱玩一点也无大碍，关键是不要过分贪玩，更不要惹出事端，以免影响自己的学业。玩是孩子智慧的开始和情感发育的源头，也是发现自我的桥梁。在玩的过程中，会发现许多有趣的科学现象、自然规律，并从中得到愉悦，体验成长的快乐。但随着年龄的增长，你要学会自我约束，把兴趣和精力慢慢转移到学习上，逐渐培养劳逸结合的良好习惯。

玩有助于男孩的智力发展，也可以促进其他非智力因素的发展。玩满足了男孩很多的欲望，同时也激发了他们的求知欲望、好奇心和探索精神。男孩对自然界的人与事物都充满好奇，都想探索，玩就是一种探索。男孩在玩的时候需要动手、动脚、动嘴与动脑，需要眼看、耳听、鼻嗅，碰到问题还需要动脑筋想一些解决的办法。

白衬衫的启示

每个人如果都越出常规，不但会有意无意地伤害了自己，而且会丧失自己对别人行善的力量。

——印度诗人　泰戈尔

8岁的帕科放学以后气冲冲地回到家里，进门以后使劲地跺脚。他的父亲正在院子里干活，看到帕科生气的样子，就把他叫了过来，想和他聊聊。

帕科不情愿地走到父亲身边，气呼呼地说：“爸爸，我现在非常生气。华金以后甭想再得意了。”帕科的父亲一面干活，一面静静地听儿子诉说。帕科说：“华金让我在朋友面前丢脸，我现在特别希望他遇上几件倒霉的事情。”

父亲走到墙角，找到一袋木炭，对帕科说：“儿子，你把前面挂在绳子上的那件白衬衫当做华金，把这个塑料袋里的木炭当做你想象中的倒霉事情。你用木炭去砸白衬衫，每砸中一块，就象征着华金遇到了一件倒霉的事情。我们看看你把木炭砸光了以后，会是什么样子。”

帕科觉得这个游戏很好玩，他拿起木炭就往衬衫上砸去。可是衬衫挂在比较远的绳子上，他把木炭扔完了，也没有几块扔到衬衫上。

父亲问帕科：“你现在觉得怎么样？”他说：“累死我了，但我很开心，因为我扔中了好几块木炭，白衬衫上有几个黑印子了。”

> **知识窗**
>
> 木炭是木材或木质原料经过不完全燃烧，或者在隔绝空气的条件下热解，所残留的深褐色或黑色多孔固体燃料。中国商代的青铜器和春秋战国时代铁器的冶炼都用木炭，利用其吸湿性来观测气候变化等。

父亲看到儿子没有明白他的用意，于是便让帕科去照照镜子。帕科在一面大镜子里看到自己满身都是黑炭，从脸上只能看到牙齿是白的。

父亲这时说道：“你看，白衬衫并没有变得特别脏，而你自己却成了一个‘黑人’。你想在别人身上发生很多倒霉的事情，但是它们也同样在我们自己身上留下了难以消除的污迹。”

男孩该懂得的道理

你想在别人身上发生很多倒霉事情，结果最倒霉的事却落到自己身上了。有时候，我们的坏念头虽然在别人身上兑现了一部分，别人倒霉了，但是他们也同样在我们身上留下了难以消除的污迹。

其实，没有必要为了任何人抱怨，因为那些让你抱怨的人，根本不会在乎你的抱怨。既然这样，又何必自寻烦恼呢？自己过得开心才是最重要的。

第八章

路要自己走才能越走越宽

一个人要学会自己激励自己，这是一种人生前进的动力；要学会自己热爱自己，这是一种生命的感激。自暴自弃，自己便是自己的奴隶；自强自立，自己就是自己的主人。多给自己一些锻炼的机会，做一些力所能及的事情，培养自我抉择、解决问题的能力。今天的一些家长，总是担心孩子做不好，无论什么事都宁肯自己做，也不让孩子动手，实质上这是剥夺了孩子学会独立自主的机会。

懂事的男孩大都具备自强自立的特点。自己的事情自己做，除非万不得已，他们一般不会去请求任何人的帮助，甚至包括他们的父母在内。他们以独立自主、自给自足以及通过自己的努力奋斗去实现自己的目标。不受制于人是他们另一个比较显著的特点，这也是由他们喜爱自由的个性所决定的。这种类型的人做事都比较果断，从不拖泥带水。

东方“体操王子”

一个有思想的人，才真是一个力量无边的人。

——法国批判现实主义作家 巴尔扎克

李宁出生于广西壮族自治区，他的父亲是一位小学老师，尤其擅长音乐。在李宁很小的时候，父亲就发现李宁有唱歌的天赋，这令他很兴奋。在李宁五六岁的时候，父亲就教他练琴、唱歌，全身心地培养他，希望他在音乐方面有所造诣。

知识窗

“新大陆”的说法是相对于旧大陆而言的。旧大陆是指在哥伦布发现新大陆之前，欧洲认识的世界，包括欧洲、亚洲和非洲（全体被称为非洲—欧亚或世界岛）。与此相区别，新大陆主要指美洲大陆。

在李宁8岁那年，淘气的他爬上了学校的一个窗口，顿时被里面的情景深深地吸引了——那是一间学校的体操教室，教室内体操队员们正在老师的带领下练习翻跟头。从此，李宁发现了自己的“新大陆”，找到了自己的心灵归属。回到家里，他就把被子铺到地上，开始练起了翻跟头。

眼见在音乐上大有前途的孩子迷上了体操，父亲不免有些失落。但明事理的父亲尊重并支持儿子的选择，把李宁送进了学校的体操队。

尽管李宁个子矮小，但是他灵气十足，是个天生的体操苗子。一年后，李宁就被选入广西体操队。在那里，他刻苦、认真地训练，要求自己对每个基本动作都做得一丝不苟、准确到位。经过三年的刻苦训练，在一次全国少年体操锦标赛中，他开始崭露头角，荣获了自由体操的第一名。

从此，李宁为自己制订了更高的目标，训练也更刻苦了。李宁在体操的道路上一路拼搏着走过来，取得了令人瞩目的辉煌成绩。不负众望的他在整个运动生涯中一共获得106枚金牌，是中国第一个在奥运会上一人夺得3枚金牌的选手，更是轰动世界体坛的东方“体操王子”。

男孩该懂得的道理

英国作家托马斯·卡莱尔说：“世界上最不幸的人要数那些说不清自己究竟想做什么的人。他们在这个世界上找不到适合他们干的事，简直无处容身。”要选择好我们准备从事的事业，首先要问问自己的意向，不要让别人左右了自己的思考。

一个人如果能够根据自己的意向独立去选择事业的目标，他的主动性将会得到充分发挥。即使会十分疲倦和辛苦，也总是兴致勃勃，心情愉快；即使在途中困难重重，也绝不会灰心丧气，而是认真地想办法，百折不挠地去克服它。

上帝的“回应”

一个没有受到献身的热情所鼓舞的人，永远不会做出什么伟大的事情来。

——俄国革命家、哲学家　车尔尼雪夫斯基

知识窗

教堂是基督教举行弥撒礼拜等宗教事宜的地方，按照级别分类有主教坐堂、大教堂、教堂、礼拜堂等。世界现今前三大教堂是：圣彼得大教堂、米兰大教堂、塞维利亚大教堂。在欧洲，教堂遍布城乡各地，成为城市的重要组成部分，而且历史久远。

有这样一个贫穷的工人，他在农场干活时，不小心打破了一个花瓶。那是农场主人心爱的东西，农场主人非常生气，要求他赔偿。但是三餐都成问题的工人，哪里赔得起这么昂贵的花瓶。于是，走投无路的工人来到教堂，向神父请教解决问题的办法。

仁慈的神父听完工人的问题，他说：“听说有一种能将碎花瓶粘好的技术，不如你去学习这种技术，只要能将这个花瓶修补、复原，事情不就解决了？”工人听完后却摇了摇头，说：“哪有这么神奇的技术？要把这个碎花瓶粘得完好如初，根本就是不可能的事。”神父指引他说：“这样吧！教堂后面有一个石壁，上帝就待在那里，只要你对着石壁大声说话，上帝便会答应你的要求，去吧！”

于是，工人来到石壁前，大声对着石壁说：“上帝，请您帮帮我，只要您愿意帮助我，我相信，我一定能将花瓶粘好！”工人的话一说完，上帝便立即回应他：“一定能将花瓶粘好！”工人真的听见了上帝的承诺，于是，他充满自信地向神父辞别，朝着“复原花瓶”的高超技术迈进。几个月以后，经过认真学习与不懈努力，他终于学会了粘贴碎花瓶的技术。结果他将农场主人的花瓶复原得天衣无缝，令人赞叹！

这天，他将花瓶送还给农场主人后，再次来到教堂，准备向上帝道谢，谢谢他给予的协助与祝福。神父将他再次带到教堂后面的石壁前，并笑着对诚恳的工人说：“其实，你不必感谢上帝。”工人不解地看着神父：“为什么不必感谢？要不是上帝，我根本无法学会修补花瓶的技术！”神父笑着说：“其实，你真正要感谢的人，是你自己啊！因为，这里根本就没有上帝，这块石壁具有回音的功能，当时你听到的‘上帝的声音’，其实就是你自己的声音啊！而你，就是你自己的上帝。”

男孩该懂得的道理

这个故事告诉我们，当处于困难时期，没有什么人能够帮助你的时候，不要把渺茫的希望寄托于别人的身上。相信自己，勇敢去面对，不轻言放弃，你自己就是上帝。

是的，每个男孩都是自己的“上帝”，主宰自身命运的不是别人，而是自己。只要我们怀着必胜的信念，将自己的潜能发挥出来，我们的愿望是可以实现的。若只知道等待别人的帮助，期待天上掉馅饼，永远也不会有成功的一天。

穷人的孩子早当家

过去属于死神，未来属于你自己。

——英国抒情诗人　雪莱

知识窗

勤工俭学是指在学校一边求学读书，一边工作、劳动的一种行为，它是学校实施劳动教育活动的形式之一。参加勤工俭学的大学生大都是家境相对差一些的学生，为了缓解家庭的经济压力，自觉找兼职维持生活。

李超来自一个贫困的农村家庭，和很多贫困生一样，他从上中学的第一天起，就开始为如何筹集学杂费而发愁，但是艰难的求学之路，并没有挡住他继续求学的脚步。

为了给在农村耕种薄田的父母减轻负担，他入学之时就申请了助学贷款。但是为数不多的贷款仅仅让他不再为学费发愁而已，生活费和书费却还是个大问题。

因此，上中学的第一天，他就下定决心自己去挣钱。他先后几次向学校领导提出要在校内找份活干，以补贴生活费用。为了不耽误他的学业，领导没有同意。但他仍然坚持放学后到离校不

远的一处砖窑厂搬砖挣点儿小钱。因为他年龄小，又没有什么社会经验，尽管他干活很卖力，但生活仍然很拮据，他却始终相信“天无绝人之路”。班主任了解到他的情况后，给他提供了一个勤工俭学的机会——让他承包打扫教室。

从此，每天早晨5点，李超就从床上爬起来，拎着扫帚和拖把去教室干活了。

在打扫教室的过程中，李超找到了另一个创收的机会。很多同学平时爱喝饮料，而且总是把饮料瓶扔在抽屉里，于是他就把这些饮料瓶、废纸收集起来，卖给废品站。

从不向困难低头的李超，为了省下一元钱，回家时，他总是从学校走十多里的路；返校时，同样是步行回到学校。

而他的生活标准也是低得不能再低了——在这个很多学生不知节俭为何物的时代，他每天的饭费仅仅是几毛钱。看到有的同学把没吃几口的馒头胡乱扔在饭桌上，他总是大大方方地把它装进口袋，当做下一顿的主食。

生活的困苦并没有压倒这个坚强的男孩，物欲社会的刻刀也无法在这个乐观男孩的脸上刻下一笔一画的自卑。

在学校里，李超没有接受任何形式的同情与怜悯，他捡拾别的同学吃剩的馒头也从来不会背着别人进行，而是用快乐的笑容面对所有的同学。他身边的同学看到李超所做的一切，都不由得对这个坚强的男孩生出一分敬意来。

李超用自己的双肩担起了自己的生活。三年后，当再次迎来秋风的时候，李超带着他的乐观与坚强，走入了全区一所重点高中，开始了他的高中生涯。

遇到困难依靠别人是远远不够的，他人的帮助只能起到一时的作用。要想从根本上解决问题，关键还得看自己。

李超艰难的求学之路就是自强不息之路，就是靠坚定的意志和坚强的决心闯出来的路。可见坚定的意志能够使人有所成就。越是险恶的环境，越要有自强自立的决心。男孩就需要有那种刚强的决心和韧性，这样才能经得起挫折，才能走向成功的彼岸。

托德如愿以偿

你若要喜爱你自己的价值，你就得给世界创造价值。

——德国思想家、诗人　歌德

每次到吃晚饭的时候，托德都会闻到一股股扑鼻而来的肉香，他使劲地呼吸，将瞬间消失的香气吸到自己的身体里去。肉香是邻居家的餐桌上飘过来的，托德常常闻着肉香进餐。

这样一来，每当邻居家吃饭的时候，托德都会站在他们家的门口，看着邻居吃肉，不停地咽口水。邻居看到托德站在门口，带他过去，给他一块肉，然后说道："赶快回去吧，让你妈妈给你买肉吃。"

回到家里，托德鼓起勇气，向妈妈问道："为什么邻居家每顿饭菜都有肉，而我们的饭菜只有蔬菜呢？"

听了托德的话，妈妈望了望他，什么也没有说。

一个星期天，妈妈说道："托德，你不是一直想吃肉吗？妈妈今天满足你的要求。"

托德一听，高兴地蹦了起来，妈妈说："但是，托德，妈妈有个要求，你能满足吗？"

托德疑惑地望着妈妈说："什么要求啊？只要有肉吃，我都答应妈妈。"

知识窗

美元常识：

1 美元上印的是美国的国父第 1 任总统乔治·华盛顿；

2 美元上是第 3 任总统托马斯·杰斐逊；

5 美元上是第 16 任总统亚伯拉罕·林肯；

20 美元上是第 7 任总统安德鲁·杰克逊；

50 美元上是第 18 任总统尤里西斯·辛普森·格兰特；

100 美元上的不是总统，而是《独立宣言》起草者本杰明·弗兰克林。

妈妈说："那好，你跟我来吧。"

妈妈带着托德来到了一个工地上，向工头要了一份搬砖的活儿，总共有 1000 块砖，搬完后可以得到 10 美元。

妈妈对托德说道："托德，快搬吧，搬完今晚我们就可以吃上肉了。"

托德跟着妈妈搬起了砖，刚搬了一小会儿，腿脚就有些发麻。这时候妈妈看出来了，鼓励道："托德，继续努力，我们已经搬了100多块了，也就是说我们已经赚了1美元了！坚持住，只要我们再努力一下，很快就可以再赚1美元了。”托德咬着牙支撑着。

但是，毕竟托德是孩子，搬了200多块砖的时候，终于支撑不住了！停了下来，坐在一边休息。他伸了伸胳膊，说道：“妈妈，干这活实在是太辛苦了。”

妈妈一边擦汗，一边说：“歇一歇吧，孩子，歇一歇再搬。”

就这样，托德搬一会歇一会，而妈妈始终没有休息过。托德记得那天天气非常热，妈妈的衣服被汗水湿透了，像刚刚淋过一场大雨似的。托德实在累得不行了，他很想告诉妈妈，不想再继续下去了。这时候妈妈说道：“托德，不经过辛勤的劳动，怎么会有肉吃，怎么会过上幸福的生活呢？”

听了妈妈的话，托德不再有退缩的念头，跟在妈妈的后面搬砖。

到了傍晚的时候，托德和妈妈终于将砖搬完了，妈妈从工头那里领了10美元。这时候的托德已经累得快直不起腰来了。

晚饭的时候，托德如愿以偿地吃上了肉。他看着桌子上的肉，流下了眼泪。从那之后，托德深深地懂得了“吃苦”的深刻含义。

男孩该懂得的道理

自立是生存之本，总是依附于别人的施舍和帮助生存的人，很难成长。每个男孩都应当学会自强自立，自己的事情自己做，不要依赖别人，用自己的行动克服困难，学得本领、得以生存。

挪威戏剧家、诗人易卜生先生曾经说过："世界上最坚强的人就是独立的人。"一个坚强自立的男孩就是送给自己最大的一笔财富。自立是一种生活能力，它表现在生活的方方面面，也从不同的角度影响着男孩的成长和发展。

少年詹天佑

当一个人用工作去迎接光明，光明很快就会来照耀着他。

——诗人　冯学峰

知识窗

京张铁路由当时的清政府委派的工程师詹天佑设计，连接了北京丰台，经八达岭、居庸关、沙城、宣化至河北张家口，全长约 200 千米。1905 年 9 月开工修建，于 1909 年建成。是中国首条不使用外国资金及人员，由中国人自行设计建造并投入营运的铁路。

清朝末期，清政府腐败无能，外国人倚仗着洋枪洋炮在中国土地上肆意横行。年幼的詹天佑把这些看在眼里，记在心上，并在他的内心打下了深刻的烙印。他不相信我们就这样总受人欺负，他立志要为祖国的富强做些事情。

儿时的詹天佑对机械制造十分感兴趣。在和邻居的孩子们一起玩时，他就领着伙伴们用泥土仿做各种机器模型。他们经常是一身泥一身水的，回到家里受到家人的责骂，詹天佑却丝毫不在乎。小詹天佑还很喜欢摆弄家里的小物件，经常偷偷地把小物件给拆了玩儿。有一次，他把家里的自鸣钟拆了，并好奇地摆弄着里面的零件，可是等到他想装上的时候，却怎么都装不回去了。他怕父亲回来责备他，就赶紧抱着自鸣钟和零件，跑到街上一家洋人开的钟表铺里，请开店的洋人把钟表装上。那洋人接过钟表，用很轻蔑的语气问詹天佑："怎么，装不上了?"小詹天佑看着洋人充满鄙夷的神情，心里很不是滋味。

那个洋人低头摆弄了一会儿，很快就把零件都还原了。小詹天佑问洋人是怎么装上的，能不能教他，他很想学习。可那洋人却用骄傲自大的眼神和鄙夷的口吻对小詹天佑说："你们中国人是学不会这些的。"

尽管自鸣钟装上了，但小詹天佑却一点儿也不高兴。回家的路上，那个洋人轻蔑的话语和眼神一直在小詹天佑的脑海中回荡，要强的他此时暗下决心："将来我一定要比他做得更好!"

凭借自己的勤奋好学，12 岁的詹天佑考取了清政府组织的"幼童留美预习班"。从此，詹天佑勇敢地告别了家人，踏上了求学之路。在美国学习期间，詹天佑看到了西方科学技术的巨大成就，对西方的机器、火车、轮船及电讯制造业的迅猛发展惊叹不已。一同前去的同学看到西方的工业和科技如此发达，又联想到自己的祖国是那么的落后，不禁对祖国的前途悲观起来。然而詹天佑却不以为然，他信心百倍且坚定地对一起来的同学说："我们要勤奋学习，外国人能行，我们也一定能行，我们的祖国也一定会有自己的火车、轮船!"就这样怀着强国富民的坚定信念，詹天佑发奋努力，最后考入耶鲁大学土木工程系，大学毕业时在同届毕业的几百人中他取得了第一名的好成绩。

回国后，詹天佑全身心致力于国家的工程制造，他主持建设了包括京张铁路在内的许多著名工程，成为中国近代工程学的创始人之一。

男孩该懂得的道理

因为自强，詹天佑努力学习、不断拼搏，主持修建了外国人曾断言中国人修不了的铁路，为中国人大长了志气。每个男孩都有自己的潜能，认清目标，坚定理想，相信自己也会有闪光的一刻。

自强是一种“威武不能屈，贫贱不能移，富贵不能淫”的浩然气度，是一种困难压不倒、厄运头不低、危险无所惧的靓丽操守，是一种不怕己弱小、勤勉解危困、敢于硬碰硬、四两拨千斤的拼搏精神。自强，是一叶高扬的风帆，是一道靓丽的景观；自强，将永远伴随我们走向希望，走向成功，走向圆满。

父子俩卖驴子

不作什么决定的意志不是现实的意志，无性格的人从来不做出决定。

——德国哲学家　黑格尔

从前，有个父亲带着儿子要去集市上卖驴子。驴子走在前头，父子俩随行在后，村里的人看了都觉得很可笑。“有驴不骑，真傻啊！”

父亲突然觉得很有道理，就让孩子骑在驴子上，自己则跟在旁边走着。

这时，对面走来两个父亲的朋友。“喂！喂！让孩子骑驴，自己却徒步，算什么！现在就这么宠孩子将来还得了！”

父亲听了，认为他们说得对，就让孩子下来，自己则骑上驴背。孩子跟在驴子后面，蹒跚地走着。

知识窗

集市是指定期聚集进行商品交易的活动形式，大多位于位置适中、交通方便的中心村镇、寺庙胜地和城镇边缘地区。是在商品经济不发达的时期和地区普遍存在的一种贸易组织形式。又称市集。

走着走着，碰见一个挤牛奶的女孩。女孩用责备的口吻说：“哎唷！世间竟有这么残酷的父亲，自己轻轻松松地骑在驴背上，却让那么小的孩子走路，真可怜！”

于是，父亲叫孩子也骑到驴背上，朝着市场的方向前进。

走到教堂前，一位牧师看到他们这样骑着驴子，摇摇头说：“太可怜了，这样会把驴子压坏的。”

父子俩立刻从驴背上跳下来，然后把驴子的腿绑起来，再用棍子扛着驴子。

这样扛着，当然非常重，所以父子俩涨红了脸，摇摇晃晃地喊着：“怎么这么重呢?”

看见这情景的人都呆住了：“真是奇怪的人啊!”

扛着驴子的父子不久走到一座桥上。“孩子，市场快到了，再忍耐一会儿吧!”

父亲虽然这么说，可是自己和孩子都已经累得筋疲力尽了。

驴子毕竟是驴子，被倒吊着反而痛苦得不得了，不但口吐白沫，还粗暴地扭动起来。

“嘿！乖一点啊!”父亲严厉地斥骂着。

可是驴子不听，扭动得更厉害了。结果，棍子啪的一声折断了。绳子也弄断了，驴子倒栽葱似的掉进河里。很不凑巧，雨后河水暴涨，驴子就在那一瞬间，被急流吞没，看不见踪影了。“啊？怎么会这样呢？这都是一味听别人的意见，而产生最严重的后果啊!”

父子俩只好垂头丧气地走回家去了……

男孩该懂得的道理

独立自主是健康人格的表现之一，是指在思考、想象和活动中，较显著地不依赖、不追随别人，能够相对独立地进行活动。

男孩多听取他人的意见是对的，但你仍要有自己的主见才行。人家的意见只能供你参考，但不是你的靠山。假如你过于信任别人的话，人家说东，你就向东；人家说西，你就向西，结果你将遇到比不听取他人意见更大的危险！

冯·卡门的老师

能够岿然不动，坚持正见，渡过难关的人是不多的。

——法国浪漫主义作家　雨果

冯·卡门在很小的时候就已经表现出了非凡的天赋。6 岁的时候，他的大哥曾不经意地问他："15 × 15 是多少？"正在一边玩的冯·卡门马上回答道："225。"这样准确无误，难道是偶然吗？二哥接着试探道："924 × 82 是多少？"冯·卡门快速答道："75768。"全家人都为之惊呆了。

为了培养冯·卡门成才，父亲为他找来许多名家的作品，让他仔细研读。冯·卡门的潜力得到了很好地开发，他在父亲为其规划好的科研道路上走得一帆风顺。在21岁时，他便获得了硕士学位，6年后又获得博士学位。

可是经过一件事后，冯·卡门才真正明确了自己的科研方向。一次，身为科学家的冯·卡门去参加法国的航空表演，他与法国航空先驱法尔芒攀谈起来，他们之间有着一段精彩的对话。

知识窗

空气动力学，力学的一个分支，它主要研究物体在同气体作相对运动情况下的受力状况及其发展变化。它是在流体力学的基础上，随着航空工业和喷气推进技术的发展而成长起来的一个学科。

冯·卡门对法尔芒发问道：“我是研究科学的。有一位伟大的科学家，用他的定律证明了比空气重的东西是绝对飞不起来的，你能解释一下，飞机为什么会飞起来吗?”法尔芒以幽默的语言回答道：“是那个研究苹果落地的人吗？幸好我没有读过他的书，不然，今天就不会得到这次飞行的奖金了。我以前只是个卡车司机，现在又成了飞行员。至于飞机为什么会飞起来，不关我的事，您作为教授，应该去研究它。祝您成功，再见。”

冯·卡门从与法尔芒的对话中，幡然醒悟。他惊悟道：“现在我终于知道我今后的一生该研究什么了。我要不惜一切努力去研究风以及在风中飞行的全部奥秘，总有一天我会向法尔芒讲清楚他的飞机为什么能上天的道理。”

从此，冯·卡门将毕生的精力都用于研究航天航空气动力学上，并取得了惊人的成绩，对人类的现代生活产生了极其深远的影响。正是基于他的研究，时速300公里的喷气式飞机、射程12公里的导弹和星际火箭才成为当今的现实。

冯·卡门一生带过很多弟子。他曾和自己的弟子们说："我的老师并不是那些世界级的权威专家，而是一位卡车司机，他的名字叫法尔芒。虽然他从不读书，但是他却教会了一个令我为之付出一生的人生真理。那就是：千万不能盲目相信权威，自己的路要靠自己走。"

男孩该懂得的道理

"千万不能迷信权威，自己的路要靠自己走"，这是冯·卡门在经历无数的世事后对他的学生们所做出的总结。

每个人的人生归根到底要靠自己。家庭的优越条件、父母的社会地位，可能会帮助我们发展，但是内心成长还是要依靠自己，谁也帮不了我们。每个人都有属于自己的人生轨迹，没有人能为你标明方向。自己的路要靠自己走，自己要对自己的选择负责，认准方向，坚持不懈，我们才能走向成功。

“硬汉” 艾森豪威尔的童年

不要慨叹生活的痛苦，慨叹是弱者的表现。

——苏联作家　高尔基

艾森豪威尔的童年时期，因为父亲做生意失败了，使得家庭的经济状况很糟糕。因为父母都在忙于打点家中的生活，艾森豪威尔及其兄弟几个从小就被父母要求做家务。除了抓紧时间学习外，艾森豪威尔和兄弟几个还要打扫卫生、干农活。

知识窗

在美军历史上，艾森豪威尔是一个充满戏剧性的传奇人物：他是晋升得“第一快”，他出身“第一穷”，他是第一个担任北大西洋公约组织盟军最高统帅，他是美军退役高级将领担任哥伦比亚大学校长的第一人，他是美国唯一的一位当上总统的五星上将。

艾森豪威尔的父母还为孩子制订了非常严格的家规。比如：孩子们早晨6点必须准时起床，晚上9点没活干了就必须上床睡觉，学习空闲的时候要参加各种劳动……父母以此来约束孩子们，培养他们良好的生活和劳动习惯。

艾森豪威尔家旁边有一块空地。春天的时候，他们会跟父母一起在那块地里种菜。等到夏天和秋天的时候，艾森豪威尔和兄弟几个就把菜运到城里去卖，然后再用卖菜的钱贴补家用。

有一年，恰逢农忙播种时节，艾森豪威尔的弟弟得了重病。父亲和两个哥哥要下地干农活，母亲要照顾病重的弟弟，家里的事务变得更加忙乱起来。母亲只好把艾森豪威尔叫到跟前，郑重其事地把为全家人做饭这件“大事”交给了他。尽管小艾森豪威尔此前曾经帮助母亲打过下手，但是自己却从来没有独立操作过。他没有也不可能拒绝妈妈安排的工作，也没表现出为难。他想：很多本领不就是这样自己学到的吗？于是，他下定决心一定要把饭做好。第一次，他把饭菜做好了，可家人却吃得直皱眉头，弟弟妹妹们更是叫嚷着难以下咽。渐渐地，做了几次以后，他便越做越有经验，越做越熟练了。他不仅有了自己的拿手菜，还学会了做各种菜汤，家里人都非常喜欢喝。

就这样一直到中学毕业，艾森豪威尔都一直在帮父母干活。

少年时期的这些经历深深地印在了艾森豪威尔的脑海中，即使成为将军后，他仍对此记忆犹新，还经常津津乐道地向别人讲起。他常和别人说：“父母在艰苦岁月中教会我的，又岂止是做饭！”

男孩该懂得的道理

娇生惯养的生活难以培养出杰出的人才，早一天让孩子学会吃苦、学会独立，就早一天挖掘出他们身上成功的潜质。对于目前中国大多数家庭的独生子女来说，这一点尤其重要。

在男孩的成长过程中，大人应该给孩子创造机会，培养男孩自己做选择和处理问题的能力。让他们在尝试的过程中碰钉子、感受失败，这样孩子就会从失败中汲取教训和经验，从而真正地成长起来。

第九章

良好心态让你受益一生

俄国诗人普希金说过:“假如生活欺骗了你,不要悲伤,不要心急,忧郁的日子里需要镇静,相信吧,快乐的日子将会来临。”如果生命没有给予你完美与幸福,那你更要以笑容来面对。生活是多彩的,它对每个人都是平等的,关键是看你如何把握生活、享受生命。即使在寒冷的冬天也会感到生活的温暖,漆黑的午夜也会看到希望的曙光。

生活本身并不完美,社会分工千差万别。人的素质、能力和机遇也各不相同,谁都会遇到成功的喜悦和失败的沮丧。决定男孩快乐与成功的关键,就在于他是否能常常保持一份轻松、随性、乐观、洒脱的好心态。用一颗乐观开朗的心去“看”这个世界,生活就会永远多彩、永远美丽。用微笑来面对生活,用微笑来面对每个人、每件事,你就会感受到阳光灿烂,迎接你的也必定是一路的鸟语花香。让自己拥有一个好心态,你就会随时拥有好心情!

马特洪峰的征服者

只有满怀自信的人，才能在任何地方都怀有自信沉浸在生活中，并实现自己的意志。

——苏联作家　高尔基

知识窗

马特洪峰位于瑞士瓦莱州小镇采尔马特，海拔4478米，是阿尔卑斯山最美丽的山峰。对观光客而言，马特洪峰只是一个遥不可及的美景，然而对登山者而言，马特洪峰却是一处向自己极限挑战的登山处，由于地势极为陡峭险峻，许多登山者视马特洪峰为高难度挑战。

马特洪峰海拔4478米，是欧洲阿尔卑斯山系最著名的山脉之一。几十年前，有一支由业余爱好者组成的登山队准备攀登马特洪峰的北峰。他们的攀登活动引起了当地新闻媒体的关注。

在这些登山队员开始攀登前，新闻记者对这些来自世界各地的登山爱好者进行了采访。

记者问其中的一名登山队员：“你打算登上马特洪峰的北峰吗？”

这名登山队员回答说：“我将尽力而为。”

记者又问另一名登山队员：“你打算登上马特洪峰的北峰吗？”

得到的回答是：“我会全力以赴。”

接着，记者又问了第三位登山队员同样的问题，对方回答说：“我将竭尽全力。”

最后，记者问第四位登山队员：“你打算登上马特洪峰的北峰吗？”他近乎激动地呼喊着：“我将要登上马特洪峰的北峰！我

一定会登上马特洪峰的北峰!”他的身体看起来并没有前面所采访过的队员强壮。

随后，这些登山队员就出发了。记者也对此进行跟踪报道。等到本次登山活动结束后证实，真正登上了马特洪峰北峰的只有一个人，就是那个说过“我将要登上马特洪峰的北峰！我一定会登上马特洪峰的北峰!”的队员。

男孩该懂得的道理

为什么只有最后采访的那名队员成功登顶呢？原因就在于，他们在登山前所持的心态不同。前面采访的三名队员仅以“尽力而为”、“全力以赴”、“竭尽全力”的心态去争取成功，面对险峻的马特洪峰的北峰，这样的心态显然是不够的。而最后那位队员，在实现目标之前就怀着一种“志在必得”的心态，登山前采访时，记者就明显感受到了全力一搏、志在成功的信念和毅力，这才是他成功的关键。

其实，人生的道路何尝不像登山一样？男孩要有不满足现状的心态，勇于挑战的勇气和魄力，这样你就会把握住改变自己命运的机会，登上人生的顶峰！

樵夫的斧头

所谓内心的快乐，是一个人过着健全的、正常的、和谐的生活所感到的快乐。

——法国思想家、文学家　罗曼·罗兰

有这样一个故事。有一座山里住着一位以砍柴为生的樵夫，毕生的目标就是靠自己的力量来建造一间纯木头的，能够遮风挡雨的房子，以至于他每天都得早出晚归地到山上去砍木头。

在他不断地辛苦建造下，终于完成了一间可以遮风挡雨的纯木头房子，樵夫高兴得一晚上没有睡着觉。他觉得自己是世界上最幸福的人，因为他的目标实现了。

> **知识窗**
>
> 食用蘑菇是理想的天然食品或多功能食品。目前在全世界食用最多的为双孢蘑菇。从野生种类中进一步筛选驯化优质生产菌种大有潜力。中国曾在世界上首次人工栽培成功了香菇、木耳、金耳、银耳、草菇、金针菇等。

可是，这种幸福感并没有持续多久。有一天，他挑了两筐蘑菇到城里交货，当他黄昏回家时，发现他的房子不知道什么原因起火了，火势迅速蔓延开来。左邻右舍都前来帮忙救火，但是因为傍晚的风势过于猛烈，所以还是没有办法将火扑灭，一群人只能静待一旁，眼睁睁地看着炽烈的火焰吞噬了整栋木屋。

大火灭了，新盖的房子却没有了。邻居非常同情地来安慰樵夫，希望他能振作起来。甚至还有人贴心地为他送来了毛巾，以为他一定会痛哭一场的。可是，樵夫并没有像周围人所想的那样伤心欲绝。只见这位樵夫手里拿了一根棍子，跑进倒塌的屋里不断地翻找着。围观的邻人以为他正在翻找着藏在屋里的珍贵宝物，所以也都好奇地在一旁注视着他的举动。

过了没多久，只见樵夫挥舞着棍子兴奋地叫着："我找到了！我找到了！"邻人纷纷走向前欲一探究竟，才发现樵夫手里捧着的是一柄斧头，根本不是什么值钱的宝物。只见樵夫兴奋地将木棍与斧头装好，充满自信地说："只要有这柄斧头，我就可以再建造一座更坚固耐用的家了。"

男孩该懂得的道理

或许我们不能像这个樵夫这样豁达，或许我们在失去心爱的东西之后会伤心欲绝，或许我们在经历磨难的时候会选择逃避……但是无论如何，磨难是生活中一个不可缺少的部分，这些经历过的痛苦和磨难是你的一种收获。也只有在你痛苦和难过的时候，你才会发现一些平常的东西此时是多么可贵和难得。

男孩要记住：磨难并不都是坏事，不管它是否会给你带来灾难，重要的是你能否正确地对待它，勇敢地驾驭它。正所谓"苦难是人生的老师"，磨难只能使强者学会抗争和思考。

由报童到保险业巨子

我崇拜勇气、坚忍和信心，因为它们一直助我应付我在尘世生活中所遇到的困境。

——意大利中世纪诗人　但丁

克里蒙·斯通很小的时候父亲就去世了。他童年时曾当过报童。有一天，他去一家餐馆卖报，好几次被餐馆的人踢着屁股赶了出来。但他咬着牙还是一再地溜了进去。餐馆里的客人见他人小胆子大，便劝说餐馆的人不要再踢他出去。这件事令他终生难忘。

16岁的那年夏天，他想试着接替母亲的工作去推销保险。他母亲安排他去一栋大楼，并把推销方法从头到尾向他交代了一遍。当到了大楼前，他却害怕了，迟迟不敢进去。他想起了当年卖报纸时被人踢出来的情景，浑身不由自主地哆嗦。他只好在大楼外的人行道上站着，以竭力控制自己的情绪。他一边紧张地发抖，一边强打起精神，默默念着自己做事的座右铭："如果你做了，没有损失，还可能有收获，那就下手去做吧！马上就做！"就这样，他壮着胆子走进了大楼。

幸运的是，斯通没有被踢出来。他去了每一间办公室，共推销出了两份保险。单看数量的确不多，只能赚几美元的佣金，但在推销体会上却收获不小。他回家的时候，可以说是心满意足。他知道自己有战胜困难的勇气，而且他还想出了克服畏惧的办法。

第二天，斯通卖出了4份保险。

第三天，又卖出了6份……

知识窗

经纪公司，亦称中介或代理公司，是为客户提供中介服务的盈利性机构。比较常见的经纪公司有：演出经纪公司、房地产经纪公司、股票外汇经纪公司、人力资源经纪公司和管理咨询经纪公司等。

斯通的事业开始了。他在那个假期及此后的业余时间里，居然创造了一天卖10份保险的好成绩！后来一天卖出15份，20份……

期通走遍了密歇根，每天卖出保险的平均记录是30份，有时高达40份。

斯通20岁的时候，又回到他的出生地芝加哥，他在那里开了一家保险经纪公司——“联合登记保险公司”，全公司只有他一个人。开业的第一天，他卖出去了4份保险，这使他信心十足。不久，他陆续将推销的范围扩展到了其他地区，销售份额一天比一天多，最高曾创造了一天122份的纪录！

斯通创业4年之后，担任美国联合保险公司董事长，手下拥有5000名推销员，销售额累计2.13亿美元。他的员工中有200多人也成了百万富翁。经过一步一步努力，克里蒙·斯通最终成为美国保险业巨子。

想成功是每个人的愿望，怕失败则是人们共同的弱点。胆怯是成功的障碍，“第一次”往往都是困难的，很多人都会产生畏难情绪，从而导致失败。而成功的秘诀，首先是必须在心理上战胜自己。只有突破了第一次，才可能会有下一次。

人生道路上处处都有可能碰到磨难，磨难是把双刃剑，它既能使你坚强，也会使你脆弱，从来没有人能在经历磨难后而毫无改变的。有些男孩能够战胜和突破磨难并站立起来，而有些男孩却被磨难冲垮。克服畏难情绪，勇敢迈出第一步。

评委们的“圈套”

对于凌驾于命运之上的人来说，信心是命运的主宰。

——美国盲聋女作家　海伦·凯勒

小泽征尔是世界著名的音乐指挥家。在还没有出名之前，他参加了一场很有影响的音乐演奏指挥大赛。

那天，小泽征尔走上指挥台，然后转身面向他要指挥的乐队。他将手中的指挥棒举了起来，随即，乐队演奏的音乐舒缓地回响在大厅里。刚开始演奏的时候，小泽征尔感觉一切还正常，然而随着演奏继续进行，小泽征尔发现曲调越来越不和谐。这时，一个念头忽然在他的脑海里闪过：乐队演奏有问题，里面有错误！想到这里，他马上示意乐队停下来，然后重新开始演奏。第二次的演奏还是不能使他感到满意，乐曲中间总会出现那么几个显得很突兀的音符，听起来极不悦耳。于是，小泽征尔再一次示意停止演奏。这一次，他转身对评委说："乐谱有错误。"

知识窗

钢琴是源自西洋古典音乐中的一种键盘乐器，被称为乐器之王。弹奏者通过按下键盘上的琴键，牵动钢琴里面包着绒毡的小木槌，继而敲击钢丝弦发出声音。钢琴与小提琴、古典吉他并称为世界三大乐器。

对于小泽征尔的疑问，一位评委十分肯定地回答："这是不可能的，乐谱不可能会出现错误。""不会有错，你放心，这可是标准的乐谱。"另一位评委也随之肯定地说。

在场的评委都是大师和权威人士。此时，场内所有的人都把目光集中到了小泽征尔身上。小泽征尔低下头，冥想了一会儿，突然，他抬起头大声说道："不，我肯定这乐谱有错误！"

瞬间，整个音乐厅内鸦雀无声。片刻过后，评委席上突然响起热烈的掌声……原来，这是评委们故意设计的一个"圈套"——乐谱的确被故意作了手脚，以此考验参赛的指挥家是否具有较强的自信心，是否能够坚持自己的判断。

小泽征尔经受住了考验，是他的自信为他赢得了胜利。这次考验为他后来成为举世闻名的大指挥家铺平了道路。

无论什么时候，男孩都要有自信。自信是男孩人生路上重要的精神支柱，只要有自信，每个男孩都可能成为自己理想中的英雄。一个男孩，无论做什么，只要把自信时时融入学习和做事之中，失败就会离他越来越远，成功则会向他悄悄靠近。

自信的男孩总是能赢得上天的关注，这不是因为他们有什么特殊的才能，而是因为上天偏爱自信的男孩。请记住：只有内心才能影响我们，其他所谓的外部条件都只是缺乏自信的借口。

木杆的长度

任何人都应该有自尊心、自信心、独立性，不然就是奴才。

——中国革命家、教育家　徐特立

一位杂技团的台柱子，凭借一出惊险的高空走钢丝表演而声名远扬。在离地五六米的钢丝上，他手持一根中间黑色、两端蓝白相间的长木杆做平衡，赤脚稳稳当当地走过10米长的钢丝。他技艺高超，身手灵活，还能从容地在钢丝上做出一些腾跃翻转的动作。多年来，他表演过无数次，从未有过丝毫闪失。

杂技团去外地演出回来的路上，装道具的卡车翻进了山沟，折断了他那根保持平衡的长木杆。团里非常重视，不惜高价找来了粗细相同、长短一致、重量也一样的木杆。直到他觉得得心应手时，团长才请油漆匠给木杆刷上与以前那根木杆相同的颜色。

知识窗

杂技起源于中国，是演员靠自己身体技巧完成一系列高难动作的表演性节目。杂技在中国已经有2000多年的历史，在汉代称为“百戏”，隋唐时叫“散乐”，唐宋以后为了区别于其他歌舞、杂剧，才称为杂技。

又是一次新的演出。在观众的阵阵掌声中，他微笑着赤脚踏上钢丝。助手递给他那根长木杆。他从左端开始默数，数到第10个蓝块，左手握住，又从右端默数第10个蓝块，右手握紧，这是他最适宜的手握距离。然而今天，他感到两手间的距离比他以往的长度短了一些。他心里猛地一惊，难道是有人将木杆截短了？不可能啊！他小心翼翼地把两手分别向左右移动，一直到适宜的距离才停住。他看了看，两手都偏离了蓝块的中间位置。他一下子对木杆产生了怀疑。

这时，观众席上又一次爆发出雷鸣般的掌声，已经容不得他多想。他握紧木杆，提了一口气，向钢丝的中间走去。走了几步，他第一次没了自信，手心有汗沁出。终于，在钢丝中段做腾跃动作时，一个不留神，他从空中摔了下来，折断了踝骨，表演被迫停止。

事后检查，那根木杆长度并没变，只是粗心的油漆匠将蓝白色块都增长了一毫米。木杆的长度没有变，但自信的程度却改变了。就是这一毫米长度的变化，影响了他的成败。

男孩该懂得的道理

很多时候，自信心通常受思维定式的影响而受挫，被事物的表象所左右而并非事物本质发生的变化。男孩子要真正了解自己，了解自己的长处，对自己要有信心。只有拥有自信的男孩，才会相信自己能够出色地完成即将来临的任务，并时时展现得比别人出色。

自信是男孩子成长过程中不可或缺的一种品质，是一个人成功的原动力。它是人们对自身力量的一种确信，深信自己一定能做成某件事，实现所追求的目标。不要因为自己有些时候的不自信而产生过多担忧，因为谁也不是天生就自信十足。

小男孩的圣诞礼物

有信心的人，可以化渺小为伟大，化平庸为神奇。

——爱尔兰剧作家　萧伯纳

在某小镇上有一个家境非常穷困的男孩子，他失去了父亲，跟妈妈相依为命，靠做手工维持生活。他十分自卑，因为从来没穿过好的衣服。在这样极为贫寒的生活中，他长到了 18 岁。

知识窗

圣诞节是基督教的一个重要节日，定于每年 12 月 25 日，纪念耶稣基督的诞生。这一天，世界所有的基督教会都举行特别的礼拜仪式。但是有很多圣诞节的欢庆活动和宗教并无关联。交换礼物，寄圣诞卡，这都使圣诞节成为一个普天同庆的日子。

在他 18 岁那年的圣诞节，妈妈破天荒给了他 20 美元，让他用这些钱给自己买一份圣诞礼物。他大喜过望，但还是没有勇气从大路上大大方方地走过。他捏着这点钱，绕开人群，贴着墙角朝商店走。

一路上，他看见所有人的生活都比自己好，心中不无遗憾地想：我是这个小镇上最抬不起头来、最寒碜的男孩子。

他就这样一路嘀嘀咕咕躲着人群来到了商店。一进门，他感觉自己的眼睛都被刺痛了，他看到柜台上摆着一批特别好看的上衣。

正当他站在那里发呆的时候，售货员对他说："小伙子，你的亚麻色的头发真精神！如果穿上这件淡绿色的上衣，肯定更精神。"他看到价签上写着 16 美元，就说："我买不起，还是不试了。"但这个时候售货员已经把上衣拿过来披在他肩上了。

售货员拿起镜子让他看看自己。当这个男孩儿看到镜子里的自己时，突然惊呆了，他从来没看到过自己这个样子，觉得这一件上衣使他变得像天使一样容光焕发！

他不再迟疑，掏出钱来买下了这件上衣。他的内心无比陶醉、无比激动，接过售货员找的 4 美元后，转身就往外跑，结果在一个刚刚进门的老绅士身上撞了一下，他仿佛听到那个老人在叫他，但他已经顾不上这些，就一路飘飘忽忽地往前跑。

他不知不觉就跑到了小镇最中间的大路上，看到所有人投给他的都是惊讶的目光。他听到人们在议论说：没想到这个镇子上还有如此帅气的男孩子，他是谁家的孩子呢？

这个男孩子简直心花怒放！他想，我索性就奢侈一回，用剩下的这 4 元钱回去再给自己买点其他的东西吧。于是他又一路飘飘然地回到了小店。

刚一进门，那个老绅士就微笑着对他说："孩子，我就知道你会回来的。你刚才撞到我的时候，这件上衣上的领结掉下来了，我一直在等着你来取。"

男孩该懂得的道理

真的是一件上衣弥补了这个男孩生命中的缺憾吗？其实，弥补缺憾的是他自信心的回归。有位哲人说："自信心是每个人事业成功的支点，一个人若没有自信心，就不可能有所作为。有了自信心，就能把阻力化为动力，战胜各种困难，敢于夺取胜利。"

人生是多姿多彩的，因为人们的性格是千差万别的，让自己的人生更加美好是每一个人的愿望。如果一个人拥有自信、乐观的性格，那么无论在什么样的情境下，他的人生都必定会展现出一番美丽的风景。

拿破仑的军队

大海越是布满暗礁，越是以险恶出名，我越觉得通过重重危难寻求不朽是一件赏心乐事。

——法国哲学家　拉美特里

知识窗

拿破仑·波拿巴（1769—1821年），法兰西第一共和国执政、法兰西第一帝国皇帝，出生在法国科西嘉岛，是一位卓越的军事天才。在他执政期间多次对外扩张，形成了庞大的帝国体系，创造了一系列军事奇迹。1815年，拿破仑在滑铁卢之战中失败，后被流放到圣赫勒拿岛。1821年病逝。

当年，拿破仑统帅大军征战，想通过圣伯纳德关隘翻越阿尔卑斯山。当他来到关隘时，询问从前方探路回来的士兵："大部队能不能穿过那条小路?"

"也许能，在可能的范围之内。"士兵吞吞吐吐地回答，同时描述了种种不可逾越的困难。

"那么就前进!"这位来自科西嘉的矮个子男人全然不听士兵所说的困难。

英国人和奥地利人对拿破仑的军队要翻过阿尔卑斯山的想法嗤之以鼻，他们的理由是：这个关口"没有车轮从那里碾过，也不可能从那里碾过"，更何况拿破仑率领的是一支6万人的队伍，部队还带着笨重的大炮，还有成吨的弹药、军需品等。

当拿破仑完成了这项不可想象的壮举之后，人们才意识到这项壮举在很久以前就可以完成。那时将军们总是借口说这些困难是不可逾越的，而不去克服。实际上，他们是被自己夸大的困难给吓倒了。还有许多人虽然有充足的补给、顽强的战斗力和必需的装备，却唯独缺乏像拿破仑那样的决心和气魄。

拿破仑发动一场战役只需要两周的准备时间，换成别人会需要一年。之所以会有这样的差别，正是因为拿破仑有无与伦比的激情。战败的奥地利人在目瞪口呆之余，也不得不称赞这些跨越了阿尔卑斯山的对手："他们不是人，是会飞行的动物。"

拿破仑第一次远征意大利，只用了 1 天时间就打了 6 场胜仗，缴获了 21 面军旗，俘虏 1000 人，并占领了皮德蒙德。

拿破仑取得辉煌的胜利后，一位奥地利将领愤愤地说："这个年轻的指挥官对战争艺术简直一窍不通，用兵完全不合兵法，他什么都做得出来。"但拿破仑的士兵也正是以一种根本不知道失败为何物的热情跟随着他们的长官，从一个胜利走向另一个胜利。

男孩该懂得的道理

成功者在做事之前，往往都是怀着一种一往无前、志在必得的心态去挑战自我，这正是他们迈向成功的动力源泉。而缺乏这种心态的人往往忙碌一生也难成大事，只有志在必得的人，才会造就辉煌的成就。

对未来有所抱负的男孩，爆发出你火热的激情吧！只有这样，你才能调动起全身的每一个细胞、每一根神经，把全部的身心投入到自己渴望的理想中去，以最快的速度实现自己心中的目标。

冉·阿让洗心革面

永远不要把一次失败和最终失败混为一谈。

——美国小说家　斯科特·菲茨杰拉德

我们都知道冉·阿让是雨果传世的名著《悲惨世界》里的一个人物，他是一个卑微却善良、正直、勤劳的典型，但生活困窘，潦倒失意。为了维持家人的生计，他在万般无奈的情况下，在商店偷了一块面包，很不幸，被当场抓住。因此，被判定为"贼"，而入狱。

知识窗

《悲惨世界》，是法国作家维克多·雨果于1862年所发表的一部长篇小说。内容涵盖了拿破仑战争和之后的十几年的时间。故事围绕主人公获释罪犯冉·阿让试图赎罪的历程展开，融进了法国的历史、政治、道德、哲学、法律、正义、宗教信仰、建筑等。《悲惨世界》内涵深刻，是19世纪最著名的小说之一。

刑满释放后，他因背负恶名而四处碰壁，找不到工作却要为生活奔波，饱受耻笑和辱骂。他堕落了。顺手牵羊、偷鸡摸狗，成了一个名副其实的贼。警察四处缉捕他，想方设法要拿到他犯罪的证据，把他再次送进监狱，他却一次又一次逃脱了。

在一个天寒地冻的雪夜，他终于撑不住了，饥寒交迫，昏倒在路上，恰巧被路过的一个神父救起。但他却在神父睡着后，把神父房间里所有值钱的东西劫掠一空。因为他认为自己已经无药可救了。不料，由于偷的东西太多，行动不便，被警察逮个正着。

冉·阿让被捕后，警察让神父认领被盗物品时，冉·阿让绝望了："这一辈子只能在监狱里度过了！"谁知神父却祥和地对警察说："这些东西是他的，我送给他了。他走得太急，我还有一件更珍贵的东西还没给他呢！"

冉·阿让被深深地感动了。警察走后，神父对他说："过去的事情就让它在今天消失吧！"

冉·阿让从此立志图强，洗心革面。他又换了新的地方住，积极进取，积极工作。他忘不了神父的教诲。后来他有了自己的成就，毕生都在救济穷人，为政府、为人民、为社会做了许许多多的好事。

冉·阿让正是由于摆脱了过去的束缚，才能重新开始生活、重新给自己定位。

男孩该懂得的道理

每天都应该有一个新的开始，千万不要让过去成为一种包袱，即不要因为过去的种种遭遇而垂头丧气、不思进取。

对于过去的错误，男孩子们大可不必耿耿于怀。一方面，知错能改，善莫大焉；另一方面，你要明白这样一个道理：过去不能代表现在和未来。明天的重担加上昨天的重担，必将成为今天的最大障碍。要把未来像过去那样紧紧地关在门外，未来就在于今天。

牧师的演讲

我们曾经为欢乐而斗争，我们将要为欢乐而死。因此，悲哀永远不要同我们的名字连在一起。

——捷克作家　伏契克

凯利是个私生子，从小他便受到大家的歧视。虽然他是无辜的，但世俗却是残酷的。他不知道自己的父亲是谁，甚至不知道自己姓什么。

凯利13岁那年，镇上来了一个牧师。凯利一直非常羡慕别的孩子能跟着父母去教堂，他想去教堂看看的愿望非常强烈。

终于有一天，他鼓起勇气，待大家进入教堂后，偷偷地溜了进去，躲在后排倾听——牧师正在讲："过去的成功或失败，只是代表过去，未来是靠现在决定的。现在干什么，选择什么，就决定了未来会怎样！成功和失败都不是最终结果，它只是人生经历的一个事件。因此，这个世界上不会有永远成功的人，也没有永远失败的人……"凯利被深深地打动了，他感到一股暖流流进他冷漠、孤寂的心灵。

有了第一次倾听，就有了第二次、第三次、第四次……牧师渐渐注意到了可怜的小凯利，也从人们口中知道了他不幸的身世。牧师十分同情可怜的凯利。一次，在凯利准备离开教堂时，牧师叫住了他。凯利害怕众人的鄙夷，有些不知所措，眼里含满了泪水。这时，牧师抚摸着凯利的头发说："凯利，我知道你的事情。不要怕，孩子，这里所有的人和你一样，都是上帝的孩子！过去不等于未来——不论你过去怎么不幸，这都不重要。重要的是你对未来必须充满希望。现在就做出决定，做你想做的人。孩子，人生最重要的不是你从哪里来，而是你要到哪里去。只要你对未来保持希望，你现在就会充满力量。只要你调整心态、明确目标，乐观积极地去行动，那么成功就是你的。"

牧师话音刚落，教堂里顿时响起了热烈的掌声——没有人说一句话，掌声就是理解，是歉意、是承认、是欢迎！整整13年了，压抑心灵的陈年冰封，被"博爱"瞬间融化……凯利终于抑制不住，眼泪夺眶而出。

知识窗

牧师，是基督教的一种神职人员，负责教徒宗教生活和管理教堂事务。一般来说，每一间新教教会至少有一名牧师，如果没有就会由传道人带领教会。牧师一般要具有神学学士学位，但在个别教会中，有些牧师可以是完全没有接受任何神学训练的人。

当自信心建立以后，凯利变得乐观向上了，他对自己有了新的认识，开始喜欢做自己。其实，牧师的那句话和凯利的经历对每个男孩子都有着积极的意义，那就是：过去不等于未来！

男孩该懂得的道理

人生最宝贵的一种习惯是审视过去。虽然过去的事一去不返，但在审视中能使你明白许多道理，能使你懂得该珍惜的一定要珍惜，该把握的一定要把握。

我们当中的大部分男孩都没有活在“现在”，他们不是活在“未来”，就是活在“从前”。“把握现在”这个观念并不是非常深奥，却很少有男孩做到。把握当下对于拓展人生具有十分重要的意义。因为过去的已经过去，总结后可以忽略不计，把握“现在”才是真。千万不要让自己处于悔恨过去、忧虑未来而放弃现在的生活之中。

半只左脚和畸形右手

不应该追求一切种类的快乐，应该只追求高尚的快乐。

——古希腊哲学家　德谟克利特

汤姆·邓普西是著名的橄榄球运动员。他生下来的时候只有半只左脚和一只畸形的右手。父母从不让他因为自己的残疾而感到不安，结果，他能做到任何健全男孩所能做的事。如果童子军团行军10公里，汤姆也同样可以走完10公里。

后来他学踢橄榄球。他发现，自己能把球踢得比在一起玩的男孩子都要远。他请人为他专门设计了一只鞋子，参加了踢球测验，并且得到了冲锋队的一份合约。

但是教练却尽量婉转地告诉他，说他“不具备做职业橄榄球员的条件”，暗示他去试试其他的事业。最后他申请加入新奥尔良圣徒球队，并且请求教练给他一次机会。教练虽然心存疑虑，但是看到这个男孩子这么自信，便对他有了好感，因此就收了他。

知识窗

橄榄球是球类运动的一种，起源于英国，因其球形似橄榄，在中国称橄榄球。相传，英国中部城市拉格比的一名学生埃利斯1823年在一次校内足球比赛中，因一次踢球失误，竟然不顾一切地抱起球来就跑，这虽是犯规动作，却给人以新的启示，就这样橄榄球在英格兰诞生了。

两个星期之后，教练对他的好感加深了——因为他在一次友谊赛中踢出了码，并且为本队得了分，而且在那一季中为他的球队挣得了99分。

他一生中最伟大的时刻到来了。那天，球场上坐了六万六千名球迷。球是在28码线上，比赛只剩下几秒钟了。这时，球队把球推进到45码线上。“邓普西，进场踢球。”教练大声说。

当汤姆进场时，他知道他的队距离得分线有55码远，那是由巴第摩尔雄马队毕特·瑞奇踢出来的。球传接得很好，邓普西一脚全力踢在球身上，球笔直地前进。但是踢得够远吗？六万六千名球迷屏住气观看，球在球门横杆之上几英寸的地方越过，接着终端得分线上的裁判举起了双手，表示得了3分，汤姆的球队最终以19比17获胜。球迷狂呼乱叫，为踢得最远的一球而兴奋，因为这是只有半只左脚和一只畸形的右手的球员踢出来的！

“真令人难以相信!”有人感叹道，但是邓普西只是微笑。他想起他的父母，他们一直告诉他的是他能做什么，而不是他不能做什么。他之所以能创造这么了不起的纪录，正如他自己说的：“他们从来没有告诉我，我有什么不能做的。”

男孩该懂得的道理

面对生活的挑战，不管是先天的缺陷还是后天的困难，都不要自己怜惜自己，而要咬紧牙关挺住，然后像狮子一样勇猛向前。一个人如果不敢向高难度的生活挑战，就是对自己潜能的画地为牢。这样只能使自己无限的潜能得不到发挥，白白浪费掉。

男孩要牢记，在你的心里一定不要有“不可能”三个字。任何失败，都是生活的挑战。失败并不可怕，只要你勇敢面对失败，总结经验，继续前进，所有的“不可能”都会转化成“能”。

第十章

追逐梦想让青春更亮丽

我们在小时候几乎都会被问到：你长大了要做什么？要当科学家、文学家、歌星，还是当总统……但是随着年龄的增长，这些儿时的梦想就像美丽的肥皂泡一样悄然地破灭了。看看我们周围的人，有几个人现在从事的职业就是儿时的梦想？可以说是寥寥无几。

梦想是深藏在人们内心深处最强烈的渴望，是一种挥之不去的感觉和潜意识，也是人们走向成功的原动力。每个懂事的男孩都有着自己的梦想，有着自己的渴望和追求，或许是一日温饱的愿望，或许是安邦治国的抱负，或许是腾云驾雾的妄想……，但不管是什么样的梦想，每个人都想实现它、成就它。这就需要我们确立自己明确的目标，规划自己的人生道路，这样才能把握前进的航向，找准自己的定位，实现人生目标。在规划的过程中，你还可以更充分认识自己的优势和不足，并自觉加以调整，争取达到生命的最佳状态。

“天空的立法者”

理想犹如天上的星星，我们犹如水手，虽不能到达天上，但是我们的航程可凭它指引。

——美国政治家　舒尔茨

开普勒小时候非常不幸，4 岁时因患猩红热烧坏了眼睛，从此他的视力变得非常差，在他的眼里天上的星辰只是一些微弱的发光体。可是，就是这样的他，后来竟爱上了天文学事业，并立志在天文学上做出一番成就。

大学时期，开普勒主攻的课程是神学、哲学和数学，后来转向天文学，成为哥白尼学说的坚定拥护者。大学毕业后，他担任大学的数学和天文学讲师，并成为著名天文学家第谷·布拉赫的助手，和他一起研究火星。

知识窗

开普勒定律也称“开普勒三定律”，德国天文学家开普勒根据丹麦天文学家第谷·布拉赫等人的观测资料和星表，通过他本人的观测和分析后，于 1609 ~ 1619 年先后归纳提出行星运动定律，即开普勒三定律。

一天，恩师来看望开普勒，见他的屋子里到处画满了乱七八糟的圆圈，便询问他这些年到底在研究什么。开普勒告诉恩师，自己想弄清楚行星的轨道。这令恩师感到不解。因为这已经是被他人解决了的、毫无疑问的问题了，为什么还要再研究呢？开普勒向恩师说明，经过他的计算，现在的轨道和前人的数据还有 8 分之差。恩师更加诧异，8 分那么小的一点误差，只相当于钟盘上秒针在 0.02 秒的瞬间走过的角度。他认为在浩渺无穷的宇宙里，这点误差不值得引起注意，更不值得将精力花费在它上面。可开普勒却冷静地向恩师说明了自己的理由：他所掌握关于火星的所有资料，是经过他的老师第谷·布拉赫 20 年的观察所得到的，火星轨道与圆周运动的 8 分之差是绝不能忽视的。他有信心从这里打开缺口来改革以往所有的体系。

就这样，恩师和他人的不理解都没有动摇开普勒的决心，他始终紧紧盯住那一颗星星——火星，进行研究。

经过几年不懈地研究，开普勒终于以事实证明了火星的轨道并不是圆的，而是椭圆的。这个在天文学上具有划时代意义的发现，被称为“开普勒第二定律”。之后，他又发现了第一定律，即等面积定律。

开普勒凭借自己精益求精、锲而不舍的精神识破了一个惊世天机。10 年后，他再次以顽强的毅力和耐心发现了另一个秘密：行星绕太阳运转时，其运转周期的平方等于它与太阳之间平均距离的立方，即“开普勒第三定律”。神秘无边的宇宙星空因这三条定律的发现而显得井然有序，这些规律被发现的意义还不止于此，就连惊世的牛顿万有引力定律也是在其研究结果上发现的。他如愿实现了年轻时的壮志，揭开了宇宙的神秘面纱，被人们誉为“天空的立法者”。

男孩该懂得的道理

只盯住一颗星星，其实就是只专注于一个目标，只要能坚持追逐自己的追求，就会离梦想越来越近。有人说，专注不一定会成功，但不专注是绝对不能成功的。

要想实现梦想，必须先确立自己的目标。有人说："你要是不知道自己要去的地方，那就得非常小心，因为你可能到不了那里。"看来，梦想之路是由目标铺就的。有无明确的目标，人的精神状态大不一样。明确的奋斗目标催人奋进，促使你千方百计达到预定的目标。反之，目标不明确，必然被动，甚至不知何去何从。

陈忠实的作家梦

世界上最快乐的事，莫过于为理想而奋斗。

——古希腊的思想家、哲学家　苏格拉底

陈忠实的老家在西安市东郊灞桥区西蒋村。这是南倚白鹿原北临灞河的小村落，全村不足百户人家。陈忠实从小就喜欢语文，立志将来成为一名作家。

然而事不遂愿，命运和他开了一个不小的玩笑。国家的高考形势突然发生了巨大变化，大饥荒和经济严重困难迫使各高等学校大大减少了招生名额。学校近200人参加考试，考上大学的却不超过10人，就连成绩位于班级前三名的他也名落孙山。

没有考上大学，他所有的理想和对未来的憧憬好像都在高考揭榜后的那一瞬间崩塌了。上不了大学，怎能实现自己的作家梦？他不知道自己以后的路应该怎么走，自己的人生会是什么样。很长一段时间他都失魂落魄、六神无主，他的整个世界变得越来越黯淡。高考失败对他的打击太大了，每天晚上，他都从床上惊叫着跌到地上。

有一天，父亲带他去伐树。当来到小河边时，父亲停下脚步问他："你知道这水是怎么流出大山的吗？"他根本无心思考这个问题，看看父亲，茫然地摇摇头。父亲缓缓地说："水遇到大山，碰撞后，不能把山冲垮，无法越过它，就学会转弯，绕道而行，借势找到了自己的出路。"听到父亲这样说，他看了看父亲，知道父亲没有把话说完。父亲看到他注意听了，才又接着说："看看这水，即便流动时遇见了深潭，也不忘流淌。不断积蓄活水，一起向前奔流，最后找到出口。记住，孩子，困难的旁边就是出路、是机遇、是希望！"

知识窗

陈忠实是我国当代著名作家，任中国作家协会副主席，《白鹿原》是其成名著作。《白鹿原》以陕西关中平原上的白鹿村为背景，细腻地反映了白姓和鹿姓两大家族祖孙三代的恩怨纷争。全书浓缩着深沉的民族历史内涵，有令人震撼的真实感和厚重的史诗风格。

父亲的一席话顿时令他茅塞顿开。从此，他勇敢地走出了高考失利的阴霾。

之后，他曾先后到过一个乡村小学、公社的中学当过老师，又历任文化馆副馆长、馆长。就这样，为了实现自己的梦想，他如河水般不停地奔流着，终于一步一步地流出了大山，进入了陕西省作家协会。也正是这40年农村生活的积累，他才写出了大气磅礴、颇具史诗品位的巨著《白鹿原》。

男孩该懂得的道理

像水一样流淌，这是岁月积淀的智慧。水有它的柔软，到不了平地上也歌唱；水有它的坚韧，水滴石穿。遇见困难，努力了，无法克服它，无法超越，不如像流水一样，在大山旁边寻找较低处突围，依山而行，借势取径。

每一个初入社会的男孩，都需要有远大的梦想。有梦想还不够，还必须充分认识自身素质和所处的环境，结合自身实际，这样才能沿着正确的方向前进。不然，可能南辕北辙，劳而无功。有了梦想，就应抓紧时间付诸行动，如果你只是把梦想当做一种期待，那它什么也不是，甚至会变成一剂迷魂药，使自己迷醉在幻想之中，碌碌无为。

惠特曼的诗歌

人的活动如果没有理想的鼓舞，就会变得空虚而渺小。

——俄国革命家、哲学家　车尔尼雪夫斯基

沃尔特·惠特曼出生在美国的一个海滨小村，由于生活穷困，只读了5年小学。10来岁时，他就辍学到了一家印刷厂做学徒。辛苦的工作，并没有消磨掉他对生活的感悟与美好的畅想。他疯狂地迷恋上了诗歌，并不知疲倦地没日没夜地写着。

惠特曼省吃俭用，用积攒下的钱，自费出版了一本自己的诗集。那诗集的封面是绿色的，封底上还画了几株嫩草和几朵小花。虽然全书只有薄薄的95页，仅收录了12首诗和1篇序，但那足以让他兴奋。他将几本样书捧回家，欣喜地交给家人看，可家里人都并不看好，觉得他的诗没有任何意义，甚至不值得一读。

知识窗

沃尔特·惠特曼是美国著名诗人、人文主义者，他创造了诗歌的自由体，其代表作品是诗集《草叶集》，记录着诗人一生的思想和探索历程，也反映出他所处的时代和国家的面貌。诗集得名于其中的一句诗："哪里有土，哪里有水，哪里就长着草。"

惠特曼想拿这些书出去卖，却难逢知音，一本都没卖掉。于是，他将自己辛苦所出的诗集全都拿出去送了人，但是却没有人愿意领情，甚至有几个著名的诗人或对其不予理睬、或干脆将其投入火炉。

在一波波冷水朝自己泼过来时，惠特曼迷茫了。嘲笑和谩骂声几乎将他淹没，他开始怀疑自己根本就不是写诗的料。残酷的现实重重地将他击倒，几乎将他推到了绝望的边缘。然而，这时远方的一封来信给了他重新站起来的勇气，来信者就是当代最有名气的大诗人爱默生。爱默生在信中高度评价了他的诗作，称他的诗作有着创新的写法、不押韵的格式和新颖的思想内容。

爱默生真诚的夸奖和赞誉使惠特曼又重燃起心中创作的激情，从此他坚定了自己写诗的信念，并一直不停息地写下去。不久，他增订后的第二版诗集问世，诗集全文共有 384 页。之后，诗集不断增订，直到他去世时，诗集已经出到第 9 版，诗歌的总数也由最初的 12 首发展到近 400 首。

惠特曼的名字已震撼了世界，成为具有世界声誉和世界意义的伟大诗人，唯一的诗集《草叶集》也成了美国乃至人类诗歌史上的经典，甚至他被称为“现代美国诗歌之父”。

男孩该懂得的道理

惠特曼的故事告诉我们，只要付出努力和辛苦，就有可能实现心中的梦想。但是这期间如果遇到暂时的冷遇或不公平，我们一定要学会保持一个平常的心态，切莫怨天尤人，也不要妄自菲薄，更不要愤世嫉俗。

没有人愿意面对失败，可失败是不可避免的。这不是上天故意捉弄人，而是因为，如果一个男孩没有经过失败的考验，那他就不会获得实现成功所必须具备的智慧、勇气，还有经验和教训。如果他因为害怕失败而逃避现实，那成功将永远与他无缘。

笑星许默尔

理想是指路明灯。没有理想，就没有坚定的方向；没有方向，就没有生活。

——俄国作家、思想家　托尔斯泰

多年以前，罗伯·许默尔在亚利桑那州开了一家音响店。有一天他到洛城探望妹妹，顺道去夜总会看了一场喜剧表演。表演到一半，许默尔的妹妹突然说道：“你和台上这些明星一样有搞笑的本领，为什么不试试演演喜剧呢?”许默尔愣了一下，随即答道：“别开玩笑了，这我可做不来。”

过了几天，他们又来到这家夜总会，当晚的表演完全开放，给了业余选手大显身手的机会，许默尔的妹妹也悄悄地帮他报了名。节目进行到一半，主持人突然说：“现在，让我们欢迎来自亚利桑那州的许默尔先生。”

许默尔几乎不敢相信自己的耳朵，傻愣愣地坐在原地，待他回过神来时，早已被哄上了台。面对全场观众的掌声，迫于情势，他只好硬着头皮，拿自己的父亲、母亲大开玩笑。两分钟的脱口秀表演，让台下观众几乎笑破肚皮。下台后，夜总会老板连忙一把抓住他：“如果你想干这行的话，随时打电话给我，我马上为你安排档期。”

知识窗

洛杉矶是美国加利福尼亚州的第一大城，也是美国的第二大城，仅次于纽约。洛杉矶市及紧邻的区域，在大众娱乐——诸如电影、电视、音乐方面构成了洛杉矶的国际声誉和全球地位的基础，闻名世界的好莱坞就位于该市。

这时的许默尔脑海里浮现了一幅他连做梦都在想的景象：自己成为一位知名的笑星，和雷诺、塞菲尔同台演出。回到亚利桑那州之后，他将自己的梦想告诉太太，匆匆处理了家产，举家迁往洛杉矶，追逐他的明星梦。

一到洛杉矶，他连妹妹家也没去，带着太太直奔夜总会。谁知道，眼前看到的不是富丽堂皇的夜总会，而是一片余烬未熄的废墟。原来，夜总会在前一天晚上被烧毁了。受此重挫的许默尔并没有就此放弃他的梦想，他说：“那天晚上首次登台之后，我就暗暗发誓，一定要回洛城一展才华，因为那是我的梦想！虽然看到夜总会一夕成灰，我却没有立即逃回家，反而在当地找了一份贩售音响的工作，还四处打听哪里有业余表演场所。我必须这么做，因为我的梦想如此鲜明，我知道自己已经别无选择。与其小心翼翼，害怕失败，不如孤注一掷，一定会有成功的机会。不过当然，你必须先有妥善的计划，也必须身体力行才可以。”他就这样一步一步地走过来了。

如今，许默尔不仅可以经常和他敬仰的笑星同台演出，最近还被《拉斯维加斯评论报》选为年度喜剧演员，《时代》杂志也撰文推介他刚出版的光盘。

男孩该懂得的道理

许默尔的成功全都归功于他对自己的未来有所憧憬，不管面对什么阻碍，他都不愿放弃。这不正是一般人所不具备的东西吗？当我们进行规划，制定决策，做出抉择时，必须谨记一个重要的信念：我们是自己命运的建筑师，预先设定的远景和想象自己是何等模样，这个形象将会成为梦想兑现的基石。

当你订立自己的目标时，千万别低估了目标的可量化性。一个男孩如果看不到自己的进步，就会消极。所以，当你取得一点进步时，就要鼓励自己一次，那越来越近的目标必将产生强大的动力，推动你一直向前、再向前……终有一天，梦想会照进现实。

飞人的成长

我宁可做人类中有梦想和有完成梦想愿望的、最渺小的人，而不愿做一个最伟大的、无梦想、无愿望的人。

——黎巴嫩诗人、作家　纪伯伦

知识窗

NBA是美国篮球协会的简称。它成立于1946年，成立时叫BAA，即全美篮球协会。NBA选秀于每年的6月底在纽约的麦迪逊花园广场举行。参加选秀的球员必须年满19岁，美国本土球员还必须满足高中毕业至少一年的要求。海外球员在达到22岁后才有资格参加NBA选秀。

小时候的迈克尔·乔丹，是兄弟姐妹中最淘气的孩子。两岁那年，他好奇地用手触摸电线插头，差一点丢了小命；5岁时，他又对斧头产生了兴趣。有一天，他偷偷拿着斧头到外面，学父亲那样劈柴火，结果不小心砍到了自己的脚趾，痛得他大声哭叫，好在只是皮肉伤，没有伤到骨头。

13岁那年，乔丹全家迁到北卡罗来纳州。父亲怕顽皮的乔丹再惹出什么乱子来，在自家院子里安了个小篮球架，最初只是为了让好动的乔丹少跑出去，以免闯祸。没有想到，乔丹喜欢上了玩篮球，不再像以前那样“捣蛋”了，而是慢慢地开始与父亲、哥哥一起探讨怎样打好篮球。父母干活的时候，乔丹常常一个人在家玩篮球。

自从乔丹把兴趣转移到篮球之后，就开始在学校里与其他同学打比赛。起初，乔丹在身材上并不占优势，投篮也不准，因而在篮球场上，他的同伴不希望他投篮，经常要求他打后卫，给他们传球。乔丹对自己仅当个配角感到不高兴，甚至有点泄气——信心没有以前那样足了，对篮球的兴趣也不如起初那样大了。父亲鼓励他说：“只要你拿出以往疯玩的劲头儿来，经常与小伙伴一起训练，等你过几年再长高点，你就是篮球场上的小明星了。”后来乔丹尝试着按照父亲的话去做，课余把兴趣和精力全放在了篮球上，他的球技也有了一些提高，虽然他成为学校球队的主力队员，但比赛中也会经常输球。

每当乔丹输球后垂头丧气时，他的父亲就不断地鼓励儿子——打好篮球光有高个子还是不够的，还需要有渴望赢的坚定信念和顽强的拼搏精神。听完父亲的一番鼓励，乔丹慢慢明白了这个道理，他对打好篮球的信心更足了，训练也更加卖力。渐渐地，乔丹打篮球时越来越自信，没过多久他便成了球场上的小明星。

后来，迈克尔·乔丹走上职业球员的生涯。多年之后，“飞人”乔丹终于站在了高高的 NBA 领奖台上，成为千千万万少年崇拜的偶像。

男孩该懂得的道理

伟大的人物都是走过了荒沙大漠，才登上光辉的高峰。作家左拉说：“生活的道路一旦选定，就要勇敢地走到底，决不回头。”一个人只要把心思和精力专注于自己的事业，成功就会在前面招手。

梦想帮助男孩跨越了一个又一个的困难，让他们实现了一个又一个的愿望！是它，使得男孩能够生活在充满着进步的社会！因为有了梦想，所以男孩会为了实现自己的梦想而去努力！

男孩的钢琴梦

想象不是空穴来风，是不能脱离实际情况的一种方式。

——英国哲学家、数学家　怀特海

20世纪80年代，有一个小男孩看见电视里播放的动画片《猫和老鼠》，一下子被动画片里那只猫的手给镇住了——猫竟然能弹出那么美妙的钢琴曲子。他感觉那只猫太厉害了，他也渴望像那只猫一样弹琴。

一旦开始练琴，老师是很严格的，练习起来也很枯燥。小男孩练得很刻苦，很快就能弹曲子了。5 岁时，他就在市里获得了钢琴比赛第一名。这个时候，小男孩踌躇满志，又参加了全国少儿钢琴比赛，原以为自己能获得冠军，但比赛的结果却出乎他的意料——评委只给了他一个优秀奖。

小男孩随后的求学经历更是一波三折。他的父亲辞去了公职，带着孩子报考最高音乐学府。初到京城，父子俩租住在一处便宜的居民楼里。父亲满心欢喜地为儿子找了一位音乐老师，希望这样可以帮助儿子踏进钢琴界的门槛。然而没有想到，老师教了几次之后对这个小男孩说：“你反应慢，找不到感觉，不是这块料，最好别弹琴了。这里是最高音乐学府，不适合你，你还没到这个程度。你应该去二级、三级的音乐学校学习，要么就改行。”很明显，这番话等于把这个男孩的艺术前途否定了。

钢琴老师的话令男孩打起了退堂鼓，想到了放弃，甚至到了绝望的地步。小男孩决定退学。在最后一节课上，任课老师提议，让男孩给全班同学弹首曲子。一首曲子弹完了，同学们都说他弹得棒，接连鼓掌，要他再弹一首曲子！就这样，在同学们的掌声中，他连续弹了 10 首曲子！他弹完以后，心里特别高兴，激动得都说不出话来，从心里难受变成了兴奋。同学们的掌声对于男孩来说是一种很大的鼓励，他觉得自己弹得挺好，还有这么多人

知识窗

《猫和老鼠》，又译《汤姆和杰利》，是举世闻名的动画片，是制片人弗雷德·昆比、导演威廉·汉纳及约瑟夫·巴伯拉于 1939 年创作的。这套动画片长达 100 多部，完全以闹剧为特色，情节十分热闹，深受少年儿童的喜爱。

鼓掌。

回到家里，男孩对父亲说："我要继续弹钢琴。我又想当钢琴家了！"看到儿子重拾信心，父亲的脸上露出了久违的笑容。于是，父子俩决定一定要闯出个名堂来。

第二年，这个小男孩以优异的成绩考取了国家最高音乐学府，他的名字叫郎朗。11 岁，郎朗获得德国第四届青少年国际钢琴比赛第一名，13 岁获得第二届柴科夫斯基国际青年音乐家比赛第一名，17 岁进入美国著名的柯蒂斯音乐学院深造，3 个月后签约美国著名经纪公司。1999 年在芝加哥拉维尼亚音乐节上，因紧急替代生病的钢琴演奏家安德里·瓦兹而一举成名，成为世界著名的青年钢琴演奏家。

男孩该懂得的道理

每个男孩都有过自己的梦想，只是很多都在岁月的河滩上悄悄地搁浅了。或是因为自己的努力不够，梦想的种子仍深埋在意识的土壤里，难以发芽。今天，找回自己丢失的梦想，把被改掉的梦想重新找回来，并确信梦想一定能实现。

男孩有了梦想才会有希望，有了希望才会有为之奋斗的激情和敢于拼搏的精神。无论是谁，只要为自己的梦想锲而不舍，就可能达到成功的彼岸。古往今来，许多成功人士都是凭着少年时期的一个梦想，最终站到了人生的巅峰。

天才诗人的忏悔

每个人都有一定的理想，这种理想决定着他的努力和判断的方向。就在这个意义上，我从来不把安逸和快乐看做生活目的的本身……这种伦理基础，我叫它猪栏的理想。

——现代物理学奠基人　爱因斯坦

知识窗

爱默生是美国著名的思想家、文学家、诗人。他的诗歌、散文独具特色，注重思想内容而没有过分注重华丽的词藻，行文犹如格言，说服力很强，且有典型的"爱默生风格"。他是确立美国文化精神的代表人物，美国总统林肯称他为"美国的孔子"、"美国文明之父"。

有一位出身贫寒的年轻人去拜访著名诗人爱默生，他自称是一位诗歌爱好者，从 7 岁起就开始进行诗歌创作。但由于地处偏僻，一直得不到名师的指点，因仰慕爱默生的大名，故千里迢迢前来寻求文学上的指导。

老少两位诗人谈得非常融洽，爱默生对他非常欣赏。临走时，青年诗人留下了薄薄的几页诗稿。爱默生读了这几页诗稿后，认定这位乡下小伙子在文学上将会前途无量，决定凭借自己在文学界的影响力提携他。

爱默生将那些诗稿推荐给文学刊物发表，但反响不大。他希望这位青年诗人继续将自己的作品寄给他。于是，老少两位诗人开始了频繁的书信来往。青年诗人的信一写就长达几页，大谈特谈文学问题，激情洋溢，才思敏捷，表明他的确是个天才诗人。爱默生对他的才华大为赞赏，在与友人的交谈中经常提起这位诗人。青年诗人很快就在文坛有了一点小小的名气。

但是，这位青年诗人以后再也没有给爱默生寄诗稿来。信却越写越长，奇思异想层出不穷，言语中开始以著名诗人自居，语气越来越傲慢。爱默生开始感到了不安。凭着对人性的深刻洞察，他发现这位年轻人身上出现了一种危险的倾向。

转眼间，冬天到了。青年诗人继续给爱默生写信，但信越写越短，语气也越来越沮丧。直到有一天，他终于在信中承认："很久以来我就渴望成为一个大作家，周围所有的人都认为我是个有才华有前途的人，我自己也这么认为。我曾经写过一些诗，并有幸获得了阁下您的赞赏，我深感荣幸。"

"使我深感苦恼的是，自此以后，我再也写不出任何东西了。不知为什么，每当面对稿纸时，我的脑中便一片空白。我认为自己是个大诗人，必须写出大作品。在想象中，我感觉自己和历史上的大诗人是并驾齐驱的，包括和尊贵的阁下您。"

"在现实中，我对自己深感鄙弃。因为我浪费了自己的才华，再也写不出作品了。而在想象中，我是个大诗人，我已经写出了传世之作，已经登上了诗歌的王位。"

"尊贵的阁下，请您原谅我这个狂妄无知的乡下小子……"

从此以后，爱默生再也没有收到这位青年诗人的来信。

男孩该懂得的道理

过分沉湎于空想的人必定是一个逃避倾向很浓的人，这正是空想带给人的极大危害性。上面的故事生动地说明空想的危害。

没有不可能完成的梦想，也没有小到不值得设立的目标。只有朝着确定的目标行动，才有成功的希望。我们经常看到，天资聪颖的男孩往往因为努力不够而失败。但是，在任何情况下，生活都不会辜负那些全力以赴、持之以恒，为了自己的目标而执著奋斗的人。

参考文献

[1] 宋豫书. 培养优秀男孩的108个关键 [M]. 北京：化学工业出版社，2010.

[2] 赵红艳. 写给优秀男孩的羊皮卷 [M]. 北京：朝华出版社，2011.

[3] 纪江红. 启发小学生明理懂事的真情故事 [M]. 合肥：安徽科学技术出版社，2008.

[4] 云晓. 优秀男孩的5种思想、7种习惯、9种能力 [M]. 北京：朝华出版社，2011.

[5] 宋学军. 72招让你教出最懂事的孩子 [M]. 哈尔滨：黑龙江科学技术出版社，2009.

[6] 闻君，金波. 如何教出懂事的孩子 [M]. 北京：时事出版社，2009.

[7] 于桂双. 励志故事全集 [M]. 长春：吉林摄影出版社，2011.

[8] 廖瑶瑶，李猛. 培养优秀女孩的100个细节 [M]. 北京：华夏出版社，2010.

[9] 王少毅. 世界上最伟大的励志故事全集 [M]. 北京：中央编译出版社，2008.

[10] 薛小丽. 培养孩子良好品质的励志故事 [M]. 重庆：重庆出版社，2010.